農はショーバイ!

松木一浩
KAZUHIRO MATSUKI

アールズ出版

まえがき

私は故あって、レストランサービスという全く別の業界から、この世界に足を踏み入れました。当時38歳、鍬1本を買うところからのスタートでした。そして年をおって農地を広げ、社員を雇い、2007年には「ビオファームまつき」という農業法人を立ち上げました。その後、デリカテッセン（惣菜店）やレストランをオープンさせ、2010年には約20名のスタッフと共に、「中山間地における有機農業のビジネスモデル」を作り上げるために、日々まい進することになります。

私は、そのビジネスモデルを作り上げることで、これから有機農業の道を歩む人たちにとって、ひとつの道しるべになりたいと思っています。まだ、その道は半ばです。ちょうど、7合目まで登ってきたところでしょうか。50歳になる頃までには、頂上まで登りつめていたいと思っています。

私は、農業（特に有機農業）ほど、可能性を秘めた産業はないと思っています。これまで農業は、特殊な産業だと思われていたため、なかなか参入する人が増えませんでした。しかし、私が2000年に就農して以来、農業に携わってみて感じるのは、農業も他の産業と同じだということです。

「しっかりと生産を行って、販売先を開拓する努力を続けていく」こと。それは自動車メーカーや飲食店など、他の産業となんら変わりません。

就農から10年にわたる私の実体験を、この本ではできるかぎり余すところなく、ご紹介したいと考えています。その実体験を、これから有機農業の道を歩もうとする人や、すでに有機農業を始めている人、有機農業だけでなく農業全般を志す人、独立起業を考えている人などに、少しでも参考にしていただけたら、これほど嬉しいことはありません。

私が本書を通じてお伝えしたいのは、次の3つのことです。

●有機農業は特別な仕事じゃない。生業としての有機農業を目指そう。
●農業はサービス業。顧客の喜びを追及しよう。
●有機農業を含めて農業は、めちゃくちゃ楽しい仕事。可能性を秘めた産業である。

以上のことを、これからの章で、私の実体験を交えながらお伝えしていきたいと思います。チャンスは誰の手にもあります。ぜひ多くの方に、農業に関心を持っていただけましたら幸いです。

松木一浩

農はショーバイ！［目次］

カバー・表紙写真　三村健二
装丁　中山デザイン事務所

第1章 一流レストランの総給仕長がなぜ…?

理想の暮らしと、ハッとさせられた一言

自然のなかの暮らしに憧れて

日出デテ作リ（作シ）、日入リテ憩ウ。
井ヲ掘リテ（穿《うが》チテ）飲ミ、田ヲ耕シテ食ラウ。
帝力　我ニ何ゾアランヤ。

この言葉は、私が有機農家として独立してから続けている、ブログに掲載している漢詩です。「日が出たら仕事をして、日が沈んだら家に帰ってきて休む。井戸を掘っては水を飲み、田を耕してはできた作物をいただく。私たちは帝王がいなくても暮らすことができるのだ」という意味の古い漢詩です。

私は就農当時、このような暮らしにとても憧れていました。日が昇ったら畑に出かけて、額に汗して働く。日が沈んだらうちに帰ってきて、子どもといっしょにお風呂に入る。プロ野球の中継を見ながら、自分で育てた野菜を肴にビールを飲んで、ウトウトしてきたら布団に入って眠りにつく……。これこそが人間らしい暮らしだ！　と憧れて農業の道に進んだのです。

当時の私と同じように、都会の流れの速いギスギスした生活に疲れて、田舎でののんびりと暮らしたいと感じている人は、多いのではないでしょうか？　とくに最近では、テレビや雑誌などのメディアで農業が頻繁に取り上げられ、20代、30代の若者から団塊の世代まで、多くの人が自給自足的な生活に憧れを抱いていると感じています。

後ほど詳しく書かせていただきますが、私は有機農業の道に進む前は、17年間、レストランサービスの世界にいました。

長崎の工業高校を卒業したものの、人を相手にする接客の仕事に就きたいと考え、ホテルの専門学校へ進学しました。それ以来、レストランサービスの世界で一貫して働いてきたのです。

とくに94年から99年までの最後の5年間は、恵比寿にあったフレンチレストラン、「タイユヴァン・ロブション」でメートル・ド・テル（給仕長）として働き、サービスマン人生の中で、もっとも充実した時間を過ごすことができました。

タイユヴァン・ロブションとは、フランスの2軒の三ツ星レストラン、「タイユヴァン」がサービスを、「ロブション」が料理を担当したフレンチレストランでした（2004年に閉店。同年「ジョエル・ロブション」が同じ建物でオープン）。食材も料理もサービスもすべてが超一流で、学ぶことが多く、休みがいらないと感じるほど、毎日が充実していました。政界や財界のお客さまも多く、失敗が許されない張りつめた緊張感の中で、日々、最高のサービスを求めて働いていました。最初の4年間は、私はモチベーションの固まりとなって、ずっと走り続けてきました。しかし、仕事を続けるうちに、段々とそうした日々に疑問を感じるようになったのです。

当時の私は、朝7時半頃に家を出て、9時半頃にレストランに出社して、サービスの仕事だけでなくマネージメントの業務もこなし、夜の12時頃に終電に乗って帰るという生活を続けていました。15時から17時半まで休憩時間があるのですが、管理職だった私は、なかなか休憩をとることができず、さまざまな仕事や問題に対応していました。そんな生活の中でとくに嫌だったのが、終電に乗って帰ることです。1日中働いてグッタリしているのに、酔っ払いが堂々と携帯で話をしていたり、吐いていたり、ときには喧嘩をしていたり……。いわゆる都会のギスギスした空気に、ずっとストレスを溜めこんでいたのです。

その反動からか、休日になると車にキャンプ道具と釣竿を積み込んで、妻といっしょに自然の中へ出かけていました。川の流れの中に立って疑似餌《ぎじえ》のフライに集中していると、都会生活のストレスが体から抜け出ていくような気がして、とても癒されました。夜、テントを張って寝ていると、聞こえてくるのは虫の声だけ。なんて素晴らしいんだろうと感動したのを覚えています。

この頃から自然の中での暮らしに、憧れはじめていたのかもしれません。実はその後、就農して移り住んだ静岡県芝川町（現・富士宮市）にも、よく釣りに来ていたのです。その頃は、まさかこの町に住むとは、夢にも思いませんでしたが……。

もうひとつ疑問を感じていたのは、タイユヴァン・ロブションの料理でした。タイユヴァン・ロブションというよりも、三ツ星のレストランならどこでもそうですが、食材は厳選した本当にいいものだけを使っています。しかも、その最高の食材の中でも、いちばんいい部位だけしか使わないこともよくあります。例えば、アスパラガスは柔らかい穂先だけを使って、硬い茎の部分は捨ててしまう。魚も、例えばヒラメは、ドーバー海峡でとれたものをわざわざ空輸してくる。最高級のフランス料理を提供するためには当然のことなのですが、なんだかそのバブリーな空気に違和感を抱いてしまったのです。

日本では食料自給率が40％前後という状態なのに、最高級の料理のためとはいえこんなことをしていていいのだろうか？　もうそんな時代じゃないのでは？　空輸してきた食材で作った凝った料理よりも、畑でとれたばかりのトマトを半分に切って、オリーブオイルと塩をかけただけの料理のほうが、本当はおいしいのでは？　タイユヴァン・ロブションでの最後の1年間は、そんな自己矛盾を抱きながら働き続けていました。

よく人気絶頂期のバンドが、確かな理由もなく突然解散してしまうことがありますが、その心境に近いものがあったのかもしれません。例えば、メッセージ性の強い歌を社会に投げかけているパンクバンドがいたとします。彼らは社会を批判した過激な歌詞を歌っているのですが、段々と社会も変わるし、自分も変わってきてしまう。でも、これまでのファンの期待に応えるために、歌い続けなくてはならない……。そんな状態に耐えきれなくなって、解散を決意するのだと思うのです。当時の私も、まさにそんな心境でした。

タイユヴァン・ロブションの同僚たちに、「これからはもう、お金を出しても食べ物が買えない時代がくるかもしれない。そんなときに、ドーバー海峡からヒラメを空輸していて、どうするの？　それよりも自分で大根やキャベツを作れるほうが、よっぽど有効だと思わない？」と話しても、周りからは、「松木さんが、なんか悪い宗教に入ってしまった」と笑われるだけでした。こんな自己矛盾を抱えている状況が続き、サービスについて考えることも面倒になってしまい、「もう辞めよう」と、すべてを投げ出したのです。

99年1月、私はタイユヴァン・ロブションをやめると同時に、サービス業からも引退することにしました。20歳の頃からずっとサービスの世界で働いてきた私は、タイユヴァン・ロブションで、自分のレストランサービスの人生を終えられるなら本望だと思ったのです。

隠遁生活3年目――

まるで世捨て人のように東京を離れ、富士山の麓《ふもと》に広がる静岡県の芝川町で有機農業を始めたのは、2000年9月のことでした。このときは「もう、サービスの世界には戻らない。これからは、ものを言わない野菜と対峙しながら生きていこう！」と思っていたのですが、不思議なことに、そんな私が今、再びレストランに立ってお客さまを笑顔で迎えています。

タイユヴァン・ロブション時代と違うのは、ここが自分のレストランであること。そして、お店で使っている野菜が、自分で育てた野菜だということです。タイユヴァン・ロブション時代と変わらないのは、そのモチベーションです。今も、休日がいらないと感じるほど、毎日がとても充実しています。

目の前に畑が広がるという絶好のロケーションで、このフランス料理のレストラン「レストラン　ビオス」をオープンさせたのは、2009年12月のことです。その伏線には、2007年7月に静岡県の富士宮市にオープンさせた「ビオデリ（Bio-Deli）」がありました。ビオデリは、自分で育てた野菜で作った惣菜を販売するデリカテッセン（惣菜店）です。わずか12坪という小さなお店ですが、ここから「本当においしいものを、お客さまに届けたい」、「中山間地における有機農業のビジネスモデルを作りたい」という、私の夢が動きだしたのです。このことについては、後ほど詳しく書かせていただきたいと思います。

隠遁生活に憧れて田舎に移り住んだ私が、ビジネスとしての有機農業をしっかりと考え始めたのには、ひとつのきっかけがありました。就農して3年目に、NHKのあるラジオ番組に出演させていただき、その番組で、自分の経歴を語るコーナーがありました。そこで私は、芝川町で生活を始めた経緯や、田舎暮らしの楽しさなどをお話ししたのですが、それを聞いたパーソナリティの方から、「よく考えたら、松木さんはちょうど働き盛りの世代ですよね？」という言葉を投げかけられたのです。

その方に、とくに深い意図はなかったでしょう。しかし、私はその言葉を聞いて、はっとしたのです。当時、私は41、42歳。確かに世間一般の常識からすれば、まさに働き盛りの世代です。それが隠遁だとか、晴耕雨読だとか言って、社会から離れて暮らしている。それは甘いのではないか、許されないのではないかと感じたのです。

都会の生活で無理をして、精神を病んでしまったり、自殺を考えたりするくらいなら、田舎に移り住んでのびのびと暮らしたほうがいいでしょう。確かに、そういう生き方もあります。私もゆったりとした暮らしに憧れて、田舎に移り住んだ1人です。しかし、隠遁生活を希望する人ばかりが増えても、日本の農業はよくなっていきません。

よく言われることですが、日本の食料自給率はカロリーベースで40％前後。農業に携わる人の高齢化が進み、耕作放棄地もどんどんと増え続けています。2005年の「農林業センサス」（農林水産省）の調査によれば、38・6万ha（ヘクタール）の農地が耕されずに放置されています。これは、埼玉県の面積に匹敵する広さです。私はこのような農業の現状を前にしたときに、社会からドロップアウトしたような暮らしを続けている場合ではないと思ったのです。また、就農後に野菜の売上げが順調に伸びているという事実が、その思いを後押ししました。

耕作放棄地の増加が続く一方で、メディアなどの影響もあり、農業をやりたいと考えている若者は潜在的に増えています。「ビオファームまつき」にも「農業をやりたい」という若い見学者がよくやって来ます。けれど、農業の世界になかなか踏みこめないのは、そこに成功モデルがないからです。例えばサッカーの世界では、三浦知良や中田英寿がヨーロッパでプレーしたあとに、続々と海外に進出する選手が増えました。それと同じように、農業の世界にも先頭を走るランナーが必要だと思うのです。

私が、カズやヒデになれるとは思いませんが、有機農業の世界で、ひとつの成功モデルを作りたいと思っています。デリカテッセンやレストランは、その目標に向かうためのコンテンツのひとつに過ぎません。有機農家が、サッカー選手やプロ野球選手、医師、建築家、エンジニアなどの仕事と同じように、子どもたちがなりたい職業のラインナップに入るようにしたい。有機農家になれば、趣味に使えるお金も稼げて、子どもを大学に行かせることもできる。そんな普通の未来が描けるような職業に、有機農家を変えていきたいのです。

農業は社会人経験が不可欠だ！

よく取材に訪れた編集者や見学に来た方に、「松木さんのご職業はなんですか？」と質問を受けることがあります。そのたびに、私は迷わず「農民（paysan）です」とお答えしています。確かに私は、デリカテッセンやレストランを運営し、レストランオープン後は、大半の時間をレストランのフロアに立って過ごしていますので、「松木さんのご職業は？」という質問を投げかけたくなる気持ちもよく分かります。しかし、デリカテッセンもレストランも料理に使う野菜は、私たちが運営する畑でとれた野菜です。その意味では、畑での生産がうまくいかなければ、デリカテッセンもレストランも料理を出すことができず、経営が立ち行かなくなってしまいます。

だからいくらスーツを着てフロアに立っても、基本は畑と共に生きる農民なのです。

ただ私は「生産した野菜に、いかに付加価値を加えてお客さまに届けられるか」ということをいつも考えています。それを実践するためにこれまでの経験をフルに活かせないかと考えた結果、自然にデリカテッセンや畑のレストランに行き着いたのです。

私は２００７年にビオファームまつきを株式会社化して以来、講演などで「有機農業のビジネスモデルを作り上げる」と話してきました。それも根っこは「付加価値を加える」ことと同じです。平たく言えば、どうしたら生産した野菜をより多くの人に食べてもらえるか、より売上を上げることができるかということなのです。

「今の松木さんがやっていることは、レストランで働いていた経験がある松木さんだからできることであって、それは誰もができることではないのでは？」と言われることもあります。確かにそのとおりかもしれません。しかし、私は誰もができる可能性を秘めているということを示したいのです。

確かに、私はレストラン業界にいたことがあるので、店舗運営に関しては、「雰囲気はこんな感じがいいよね」とか、「メニューはこうしよう」とか、「食器はこれがいい」とか、これまでの経験を活かすことができます。「客単価や稼働率はこれくらいだろう」とか、「ランチはこれくらいの値段にしないと人が入らない」とか、そういうことが肌で分かるというのは強みでしょう。

しかしだからといって、例えばイチローがメジャーリーグで長年活躍していて、それを、「イチローだからできたことで、他の人には無理だ」というのは、おかしいと思うのです。少年たちはイチローがいるから、プロ野球選手を目指して頑張ります。彼らは「自分はイチロー選手ではないから上手くなれない」とは思わないでしょう。大切なのは、自分なりの努力をすること。誰もがイチローになる必要はなく、自分なりに努力を重ねていけば、何らかの形にすることができると思うのです。

私はたまたまレストランの世界に関わってきたため、有機農業とレストランサービスを結びつけた農業のモデルに自然と行き着きました。しかし、モデルはひとつである必要はありません。確かにレストランで働いてきた経験は、有利に働いているでしょう。だからといって、他の人にチャンスがないかといえば、そうではないと思うのです。人生経験の中で、役に立たないことはありません。誰もが、これまでの社会人経験を活かして、自分なりの有機農業のモデルを作ることができるはずです。

私はこれから農業を始める人に一番大切なものは、他産業での経験だと思っています。例えば、次のような2人が、「ビオファームまつきで研修を受けたい」とやってきたとします。

1人は、農業大学校を出て青年海外協力隊に参加し、日本に戻ってきた人。もう1人は、農業経験は全くありませんが、一般企業の営業畑で10年間みっちり働いてきた人。

さて、どちらの方が、有機農家として独立したときに成功する可能性が高いでしょう？

私は、営業畑で働いていた後者の方が、成功する可能性が高いと思います。なぜなら、前者には技術的な農業経験は十分にありますが、社会人としての経験が不足しているからです。

なぜ、有機農家になるために社会人経験が大切なのか？　それは有機農業もビジネスだからです。新規就農するということは、例えばカフェなどのお店を開いたり、ベンチャービジネスの会社を立ち上げたりなど、独立開業することと同じです。自分が提供する商品（農業であれば生産物）やサービスを消費者の方に買ってもらえなくては、生活が成り立っていかないのです。そのときに営業職で10年間働いたという経験は、大いに役立つことでしょう。

この他にも、例えば、webサイト構築などを仕事にしていた人であれば、そのスキルを活かして野菜を販売するホームページに画期的な仕組みを施すことができるかもしれません。また、前職が学校の先生だった人であれば、食育と農業を組み合わせた新しい提案をすることもできるでしょう。このように、他業界で社会人として働いた経験は、農業の分野でも大いに活かすことができるのです。

新たに農業を始める人が最初から従来の流通経路に生産物を乗せる例はほとんどありません。従来の農業では、作った野菜をJAや市場などに持っていけば、そこで値段がつけられました。農家は生産のことを考えていればよく、わざわざ自分たちで売り先を探す必要がなかったのです。また、これまでの農業が世襲で受け継がれてきたことも、こうした独自の流通システムが続いてきた一因だと思います。新規就農者はこうした流通システムに頼ることはできないので、新たな道を歩まなければならないでしょう。

そのときに必要なのが、やはり他産業での経験です。私をはじめ、他の業界から農業の道に進んだ人には、これまでの農業の慣習やしがらみがありません。自由でフレキシブルな発想で、農業に取り組むことができます。実は、その自由でフレキシブルな発想の方が、正解である場合が多いのです。

私の場合を鑑《かんが》みても、せわしない生活や贅を凝らした世界に嫌気が差して都会を離れてみたものの、農業をビジネスとして捉えなおしたとき、皮肉にも活きたのは、それまで培ってきた社会人経験だったのです。

第2章

有機農業でビジネスを！

農はショーバイ、その意味するところ

農家の仕事は〝対策を立てる〟こと

２０１０年8月現在、私は3・7haの畑で、年間80品目程度の野菜を生産しています。畑は1箇所でなく約20ヵ所。農場スタッフは7人います。売上げは8割が、7〜9種類の野菜を詰め合わせにして発送する「野菜セット」です。

それなりの数のスタッフがいること、株式会社化していることを除けば、栽培方法や、品目については、ごく普通の有機農家と変わらないといっていいと思います。

ただ違うのは、企業であるという意識を、農場全体を通じてなるべく徹底させていることです。私は有機農業を有望なビジネスとして捉えているからです。

有機農業を含めて農業は、「自然相手で大変だ」というイメージをお持ちの方もいるでしょう。確かに、富士山が噴火したとか、昨日発生した台風が翌日には直撃してしまったとか、そんな突然の大災害が起きたら、太刀打ちできないかもしれません。しかし、四季は春・夏・秋・冬の順番で、毎年巡ってきます。当たり前のことですが、夏に大雪が降ることはありませんし、真冬に台風が来ることもないのです。

スタッフの中には、野菜に被害が出てしまったときに、「すみません。昨日の晩、氷点下まで冷え込んでしまって」とか、「いやぁ、雨が長く続いてしまって植え付けができなくて……」などと言い訳をするものがいます。その度に私は、「冬だから氷点下まで下がることは予測できるはず。なぜ、この対策をしなかったの？」とか、「梅雨だから、雨が続くのは当然。この日は晴れだったのに、なぜ植え付けができなかったんだ？」と、スタッフを指導しています。天候によって野菜が被害を受けないように事前に対策を打ち出し、天候を予測しながら作業を行うことが私たちの仕事。農業はもともと、そこにある自然環境の中で行うものです。それを「梅雨だから雨が多くて」と言い訳をするのは、例えば凡退したプロ野球選手が、「東京ドームだったからレフトフライだったけど、広島市民球場だったらホームランだった」と言うようなものです。畑の周りの自然環境は変えられません。「静岡でなく、北海道だったら梅雨がなくて大丈夫だった」なんて、言い訳はできないのです。

輸出がメインとなる製造業などでは、円の価格が毎日変動するなかで、削れるコストは削って、努力に努力を重ねて競争社会の中を生き抜いています。私から見れば、大根やジャガイモを育てるより、寸分の狂いもなく機械の部品を作り出す方が、天候を予測するよりも為替レートの上がり下がりを予測する方が、はるかに難しいと思うのです。

だから有機農業も、自然を言い訳にすることなく、もっとしっかりとした管理を行い、努力を重ねていくことが必要です。対策を怠らなければ、よほどのことがない限り、野菜をダメにしてしまうことはありません。有機農業は簡単とまでは言いませんが、外の世界から見るほど難しくはないのです。

そういう意味では技術次第ではある程度、安定的に、高付加価値の商品が供給できる有機農業は、まだまだ伸びしろがあると考えています。

世の中のニーズに合った農法

２００６年12月に制定された「有機農業の推進に関する法律（有機農業推進法）」では、有機農業を「化学的に合成された肥料及び農薬を使用しないこと並びに遺伝子組換え技術を利用しないことを基本として、農業生産に由来する環境への負荷をできる限り低減した農業生産の方法を用いて行われる農業をいう」と定義しています。

なにやら難しく見えますが、ようは、化学的に合成された肥料（＝化学肥料）と農薬（化学農薬）を使わず、遺伝子組み換え技術を利用せずに野菜を作ることが、有機農業の基本ということです。

有機農業では農薬を使わないため、健康に対して安全な農作物を作ることができます。

最近では、健康志向の人が増え、環境に対する意識が高まっていることもあり、体に害のない有機農産物を求める傾向が強まっています。このような世の中の流れに、有機農業はマッチしています。化学肥料や農薬を使わずに作った野菜は、体に安全ということで、他の慣行農法で作られた野菜に対して、差別化して売ることができるのです。

また、有機農業では、特定の品目に絞った慣行栽培とは異なり、1年間に何十種類もの品目を少しずつ栽培するのが一般的です。これを「少量多品目栽培」と呼びます。通常、有機農家では、1年間に60～80品目の野菜を栽培しています。多いところでは100品目以上、栽培している有機農家もあります。

それでは、なぜ有機農家は少量多品目栽培を行うのでしょう？　その理由のひとつは、リスクを分散するためです。あらかじめたくさんの品種を栽培しておけば、もしある品目が害虫などの被害を受けた場合でも、販売する野菜がなくなる危険性は少なくなります。

また、もうひとつの理由は、販売面でのメリットがあるからです。有機農家の販売は一般の家庭向けがほとんどです。家庭で、毎日レタスやトマトだけを食べているというところは、なかなかありません。いろいろな野菜を少しずつ食べているのが普通です。そうした消費者に野菜を販売する場合、多品目の野菜を栽培していた方が、より多くのニーズに応えられるというメリットがあります。

少量多品目栽培では、たくさんの種類の野菜を栽培していますので、スーパーで野菜を買う必要がなく、野菜を自給することもできます。私も就農した当初は、野菜の売上が少なかったため、自分で育てた野菜を食べて家計の助けにしていました。自分の手で育てた野菜の味は格別です。都会から移り住んだ私にとって、新鮮な野菜が毎日食べられることは、とても贅沢なことに思えました。

一方、デメリットとしては、農薬を使わないため除草や害虫の駆除が大変だということが、よく言われます。しかし、実際に携わってみて私は言われるほど大変だとは感じませんでした。これについては、後ほど、詳しく書かせていただきたいと思います。

ストイックなイメージはどこから来た?

有機農家がマスコミに取り上げられる際、「安全で安心な野菜を消費者に届けるという使命のために、大変な作業に耐えながらも栽培を行っている」という内容で伝えられることがあります。そのほうが内容的に面白く、視聴者や読者の関心を引くことができるからでしょう。私は、農薬も化学肥料も使わないがゆえに雑草や害虫に苦しめられながらも、それを耐え忍び、何とか消費者のために安全安心な野菜を生産しようと涙ぐましい努力をするのが有機農業……という悲壮感漂うイメージから有機農業を決別させたいと思っています。ややもすると〝有機農業者＝弱者〟という論理で語られがちです。しかしながら冒頭でも書かせていただいたように、有機農業は他の仕事とさほど変わりはありません。

ではなぜ、有機農業には、「健康にいい」というイメージがある一方で栽培には「努力・忍耐・根性が必要」というストイックなイメージがあるのでしょう。その理由には、有機農業が社会運動から始まったという経緯が関係しているかもしれません。

日本で有機農業の取り組みが始まったのは、１９７０年代初頭のことでした。今から約40年前になりますが、当時は高度経済成長を達成したばかりで、水俣病や四日市ぜんそくなどの公害が、大きな社会問題となっていました。それに伴い、行き過ぎた工業化や近代化に対して警笛を鳴らす運動が各地で始まっていました。

農業の分野でも生産性を高めるために、農薬や化学肥料が大量に使われていましたが、それに対して、健康への危険性や土壌の疲弊、環境への悪影響なども指摘されていました。こうした状況に危機感を抱いた人々が、安全な作物を育てようと、農薬や化学肥料を使わない農法をスタートさせたのです。

一方で、都市の消費者の中でも、農薬や化学肥料を使っていない安全な食べ物を求める活動が始まっていました。しかし、一般のスーパーや八百屋さんには、農薬や化学肥料が使われていない野菜は売られていません。そこで、安全な作物を育てようとする有機農家グループと、それを求める消費者グループが連携を始めたのです。生産者と消費者がお互いに助け合い（相互扶助）、協力し合いながら、有機農業を広めていくことになりました。

この活動では野菜の生産は、有機農家と消費者の合意によって計画的に行われます。有機農家は消費者が求める安全な野菜を生産し、それに対して消費者は、有機農家が生産した野菜を買い取ります。有機農家は安全な野菜を作り出すことで消費者の健康を支え、消費者はそれを買い取ることで有機農家の生産を支える。このようにお互いが持っているものを出し合いながら、お互いに支え合う関係が生まれました。これを「提携」と呼んでいます。

インターネットでレタス1個から買える時代に…

提携という精神は、40年が過ぎた今も受け継がれています。私がタイユヴァン・ロブションを辞め、その後1年半、研修を受けた栃木県にある有機農業を実践している農場でも、提携の精神が受け継がれていました。その農場で研修を受け始めていちばん驚いたのは、野菜を買ってくださっている消費者が、「お客さま」ではないということです。提携の考え方では、消費者と生産者は対等なパートナーなのです。

「私たちは消費者が求めている農薬も化学肥料も使わない安全な野菜を作っている。だから多少、虫食いがあってもそれはしょうがない。それでも消費者が購入してくれることで、有機農業が支えられているのだ」というわけです。ようするに、提携の根本思想は商売ではない。生産者と消費者が協力しながら、有機農業を広めていこうという農業運動なのです。

レストランサービスの世界で、17年間、お客様の満足を追及してきた私にとって、この考え方は衝撃的でした。今や、インターネットでレタス1個から注文でき、それが翌日には届く時代です。消費者の趣味嗜好は益々多様化していて、どの産業でもそのニーズに応えるために企業が切磋琢磨しています。そんな状況の中で、その農場では、提携という古い精神構造のままとどまっているのです。

アウトサイダーで行こう！

栃木県の有機農業を実践する農業塾で研修を受けている中で、このようなこともありました。ある日、塾長から、販売先を増やすために、営業をしてくるように言われたのです。そのときに、いっしょに研修を受けていたKさんは、宇都宮の配送担当でした。そこで、配送の帰りにあるショッピングセンターに飛び込みで訪れ、野菜を扱ってもらえるようにお願いをしました。そこで、いろいろと話をするうちに、先方の担当者から「それでは、日曜日に売り場のスペースをひとつお貸しするから、そこで自分たちで販売してみてください。その代わり、売上の20％を支払ってくださいね」と提案されたのです。

Kさんはその話を持ち帰って、スタッフのミーティングで塾長に報告しました。しかし塾長は、「20％もとられるのはおかしい。タダにしてもらえ」と言うのです。もう一度、交渉してこいと言われたKさんは、頭を抱えてしまいました。それでも交渉に行くと、案の定、先方から「それはつまり、うちはスペースをタダで貸すだけですか？　うちの売り場やレジを使って販売するのに、それはおかしくないですか？」と言われてしまったのです。もちろん、この話は、ここで流れてしまいました。

普通のビジネス感覚があれば、マージンを支払うことは当然のことです。しかし、長年、提携というスタイルで野菜を消費者に提供してきた塾長には、そのようなビジネス感覚が欠落していたのです。彼は、「うちの有機野菜をお店に出すことによってお客さんがきっと増えるから、お互いメリットがある」と考えていたようです。実績があるわけでもないのに、そんな虫のいい話が通用するはずがありません。研修中は、このような経験を反面教師にして、学ぶことが多くありました。

農薬も化学肥料も使わない安全な野菜を、消費者に届けたいという考え方には、私も賛成です。しかし、それによって消費者の健康を支えるというのは、とても大きな負担です。私は、「ビオファームまつき」の野菜を買ってくれている方が、夜食にカップラーメンを食べてもなんらかまいません。なぜなら、私が行っている有機農業は、提携のような農業運動ではないからです。

お客さまには、ビオファームまつきの野菜がおいしい、値段に見合っているという理由で買ってもらいたいですし、実際に消費者の方は、そう思っているから購入してくれているのだと思います。それは、普通の商売と同じことです。商品が魅力的で、支払った対価に見合った価値があるから、消費者はお金を出して、その商品を購入してくれるのです。

実際に、提携を行っている有機農家の多くは、壁にぶつかっています。このような状況では、これから有機農業をやりたいという若者が、増えていくはずがありません。だからこそ、私はもうひとつ別の方向性で、有機農業を行っていきたいと思っています。有機農業の主流が仮に提携であるとするならば、私はあえて反主流、アウトサイダーの道を選びます。

この方向には、まだ先頭を走るランナー（成功者）は存在しません。私は、これから有機農業を始めようとする人たちに、こういう方向もあるんだと思ってもらえるような、ビジネスとしての有機農業を確立したいと思っています。

就農希望者にかならず聞くこと

さすがに最近では、有機農業を志す若者の中に、提携をイデオロギー的な運動と捉える人は少なくなっています。しかし、その代わりに近年の若者の間では、「エコ」というキーワードが非常に重みを増しています。特に有機農業を始めようとする若者には、「環境に負荷をかけないサスティナブル（持続可能）な農業をやっていくんだ」と考えている人が増えています。

私も例外ではなかったのであまり偉そうなことは言えませんが、ある程度の社会経験を経て脱サラし、有機農業に身を投じようとする人には、〝頭デッカチ〟な人が数多くいます。農場に見学に来る就農希望者を見ていると、そう感じるのです。

彼らは、不安定で殺伐とした現代社会や、利益優先の産業構造がもたらした負の遺産を強調し、「自分はもうそんな暮らしはうんざりだ。これからは自給自足の暮らしをしながら、環境に負荷をかけない健全な暮らしをしていくのだ」と話します。

それを聞いて〝不健全〟な私は、「それなら山奥に入ってカスミでも食べて生きていくしかないな」と、答えるのです。

かくいう私も就農当初は、「世間のわずらわしさから離れて、田舎でのんびりと暮らしていくんだ」と考えていました。今思えば、とんでもない話です。30代後半といえば、働き盛りの世代です。それが、一生懸命働かずに、世間からドロップアウトして暮らしている……。そんなことを許す余裕のある国がどこにあるのでしょうか？　日本は地下資源がジャンジャンと湧き出ていて、働かなくても生活が保障される国ではありません。だから、世間からドロップアウトした暮らしは、許されないと思ったのです。

良くないことに、マスコミも自然の中でのんびりとした暮らしを営んでいる若者を、自然体だとか、等身大の生き方だとか言って、賛美する傾向があります。今の私の考えでは、そんな人は何も素晴らしくありません。そういう若者には、ちゃんと働いて税金を納めろよ！　と言いたい。それなら、毎日、満員電車に揺られて通勤して、汗水たらして働いているサラリーマンのほうが、何十倍も偉いと思うのです。

話が少しずれましたが、「環境に負荷をかけない健全な暮らしをしていくのだ」と考える若者の中には、自然農法を行っている人もいます。自然農法とは、人によっていろいろな方法はありますが、一般的には草も刈らず、耕さず、肥料も与えず、もちろん農薬も使わずに野菜を育てる農法です。そうした自然農法を実践する若者が、ビオファームまつきに見学に来ることがあります。そんなとき〝不健全〟な私は、またしても彼らに次のようにたずねるのです。

「自然農法と言ったって種をまくのでしょう？　それ自体が自然とは言えないのでは？」と。

もちろん、彼らはその農法が最善だと思って行っているので、とても真剣です。それを否定するつもりはありませんし、悪いことだとも思いません。しかし、自然農法を忠実に実践する農家が増えても、農業の現状は変わりません。農業の現状を打破するためには、ビジネスとしてしっかりと成り立つ農業を手がける人たちが、増えていくことが必要なのです。

環境に配慮した農業を行うことは、確かに素晴らしいことです。私は、農薬や化学肥料を大量に使ってきた近代農業に対して、警鐘をならすところから出発した有機農業の理念は、リスペクトされるべきものだと思っています。私も、有機農業が持つ循環の発想や、昔ながらの知恵などにひかれて、この道に進んだ1人です。鶏や牛を飼い、そのフンを畑に堆肥として戻し、畑でできた野菜クズをまた鶏や牛が食べる。こうした循環の仕組みができれば、永続的に農業を行っていくことができるでしょう。

有機農業のやり方や、そのあり方は十人十色ですから、そういう生き方を否定するわけではありません。しかし、「環境に負荷をかけない持続可能な農業をやっていくんだ！」と考えている若い方に、あえて言わせていただきたいのは、ぜひ一度、ビジネスとしての農業を考えてみてほしいということです。「生物多様性を重視して、人間も自然の一部であり、そこで生かされている」という有機農業の理念をベースにしながら、ビジネスとしても成り立つ有機農業を実践する人が増えてほしいと願っています。

私は、農場に見学に来た就農希望者には必ず、「どれくらいの面積で、どれだけの量の野菜を栽培して、どこに販売することを考えていますか？」と聞くようにしています。環境に負荷をかけない持続可能な有機農業をやりたいという気持ちは、とてもよく理解できます。しかし、利益を生み出すことができなければ、生活は成り立ちません。本当の意味で、〝持続可能な有機農業〟を行うためには、まずは生業としての一面をしっかりと考えることが必要なのです。

オーガニック料理のレストランを開業しようとしている人がいて、彼が、お金を借りるために銀行に行ったとします。そこで、「私はこんなに健康にいい料理を出したいと思っています！　材料はどこどこでとれた何を使って……」と銀行の担当者に話しても、担当者は、「そうですか」と言うだけでしょう。そして、きっとこう質問するはずです。「ところで、客単価はどれくらいを考えていますか？　原価率は？　売上の予想はどれくらいですか？」と。

自分がやりたい有機農業のイメージを明確に持つことは、とてもいいことです。そこに、さらに数字的な裏づけを持つことが大切です。ぜひ、これから有機農業を志す方には、生業として成り立つ有機農業、つまりは、ビジネスとして成り立つ有機農業を目指してほしいと思います。

作ることより、売ることが面白い

私は、有機農業も含めて農業の面白さは、作ることの面白さよりも、売ることの面白さにあると思っています。確固たる流通ルートが形成されていないため、売り先が多様で、かつ様々な売り込み方が可能だからです。

大きな施設で、環境が完全にコントロールできる条件のなかで高糖度のトマトを栽培するのであれば、緻密な計算や栽培技術が要求され、作ることに楽しみを見出せるかもしれません。しかし、特に露地栽培で行う有機農業の場合は、自然が育ててくれるという感覚が強いのです。例えば、小松菜であれば堆肥をまいて土作りを行い、種をまけば、ある程度の収穫が望めます。もちろん、完全に放っておくわけではありません。作物の状況を見ながら、決められた時期に決められた作業を行えば、70点の品質の小松菜はとれるのです。

私は10年間、有機農業を手がけてきましたが、生産のレベルは70点かもしれません。これがもう10年やったからといって90点になるかと言えば、そうではないのです。まだ70点のままかもしれませんし、60点に後退しているかもしれません。

その反面、就農1年目の方でも40点くらいまでは到達することができます。2年やれば60点くらいになり、3年やっていれば、70点にはたどり着けるでしょう。ビオファームまつきは、その70点で足踏みしているのかもしれません。もちろん、80点、90点に近づける努力はしていますし、今後もしていかなくてはなりません。しかし、80点、90点、100点に到達するのは、かなり難しいことなのです

少量多品目で、年間60～80品目の野菜を栽培する場合、すべての野菜に対して100％の作業をすることは、物理的に言って無理です。そんなことをしていたら、スタッフが何

有機農法でも効率化を重視する

人いても足りません。限られたスタッフで、1日24時間の中で、どの作業を優先して行うのか、農場全体を俯瞰《ふかん》しながら、日々判断していくことが求められます。

例えば、ネギの草取りに5日間をかけている間に、ニンジンの種まき作業が遅れてしまい、収穫量が激減してしまうこともあるのです。その場合、ネギの草取りは完璧を期さなくても7割は収穫できるから、それよりも主力の作物、この場合はニンジンの種まきを優先する必要があります。もちろん、こうした判断をするためには経験が必要ですが、3年もやれば、ある程度は分かるようになります。

私はよく畑のスタッフに、「この作業をやっている理由を考えろ。今、求められる効果に対してそれだけ時間をかける必要があるのか？」と口をすっぱくして言っています。販売面にも同じことが言えます。「これだけ時間をかけて、売上がどれだけプラスになるのか？」を常に考えて、仕事をしなければなりません。そういう意味では、農業も普通の産業と変わらないのです。仕事の全体を俯瞰して、限られた時間に目標をいかに達成するか、そのためには効果の高い仕事から、優先順位をつけて行っていくことが重要です。

生産に関してはこうしたスタンスを取っているため，ビオファームまつきでは、限られた時間、限られたスタッフの中で、生産のレベルを100点に近づけるというのは、かなり難しいことなのです。しかし私は、70点の生産レベルを100点にすることに労力を割くよりも、そのエネルギーと時間を、どうやって付加価値を付けて販売するかに費やしたほうがはるかにいいと思っています。

もちろん、有機農業の面白さは売ることの面白さだといっても、生産をないがしろにしているわけではありません。これまでにも書かせていただきましたが、デリカテッセンやレストランの料理は、ビオファームまつきの畑でとれる野菜を使って作られています。そういう意味では、畑の作物がこけたら、デリカテッセンもレストランも全部こけてしまうのです。ビオファームまつきは、あくまでも生産が基本です。重要性という意味では、野菜の生産が7割を占めるでしょう。そして販売面を含めそのほかが3割くらいのポイントを占めると思っています。

あるイチゴ農家の苦悩

有機農業をビジネスとして続けていく中で、ありがたいことに、さまざまな場所で講演会をさせていただく機会も増えてきました。私の有機農業に対する考えを知っていただく機会が増えたことで、農場に見学や相談に来てくださる方も増えています。

そんな中、先日、あるイチゴ農家の方が、農場に相談に来られました。この方を仮にA

さんといたします。Aさんは、サラリーマンからイチゴ農家になって3年目。生産したイチゴは、すべて地元のJAに出荷しています。就農した1年目は病気が発生してしまい、あまり収穫量がなかったそうですが、2年目、3年目は段々と収穫量が安定してきました。しかし、その代わりにイチゴの値段が下がったうえに資材の価格が上がってしまい、朝から晩まで働いてもわずかな利益しか出なくなってしまったそうです。そこで、来年からどうしようか悩んでいるという相談をいただきました。

この相談をいただいて、正直なところ私も困ってしまいました。ここに持っていったら売れるという答えはありません。それが分かっていれば、すべての農家がそこへ持っていくでしょう。そこで私は、「JAに出荷しているから、安い値段になってしまうのでは？」とAさんにお話しました。JAが出荷する市場などでは、仲買人によって買値が決められていて、農家が自分で販売価格を決めることはできません。豊作貧乏という言葉がありますが、市場に出るイチゴの量が増えれば、必然的に値段は下がってしまいます。また、外国産の安いものが入っていたり、産地間での価格競争が激しくなったりした場合にも、値段は下がります。

私はAさんに、「自分で販売先を探すことを、検討してみては？」ともお話しましたが、Aさんは迷っているようでした。私のように、ゼロから販売先を開拓していく場合は、それを頑張らなくては生活が成り立ちませんから、とにかく迷わず開拓していくしかありません。しかし、ＡさんのようにすでにＪＡなどに出荷している場合、その売上をゼロにして、最初から新しい売り先を探すというのは、なかなか勇気がいることなのです。とはいえ、自ら販売先を探さなければ、状況は改善しないでしょう。なぜなら5年後、10年後に、イチゴの価格が高くなっている保証はないからです。

さらに「あなたのイチゴの特徴は何ですか？」とＡさんにたずねると、「他の農家と同じです」と答えられました。その理由も、ＪＡに出荷しているからです。ＪＡに出荷する場合、そこで決められた規格に合わせて作らなくてはいけません。自分だけが、違った品種や大きさのイチゴを育てることはできないのです。

このＡさんの例で、現在の農業が抱える問題が分かっていただけたのではないでしょうか。これまでの農家は、作物を生産してＪＡなどに持っていけば、売上が確保されていました。しかし、作物の値段が下がってしまうと、作っても、作っても利益が出ないということになります。この状況から脱却するためには、自ら販路を開拓していくしかありません。そのためには他の農家と違う品種を育てたり、加工を施したり、差別化を図らなくてはならないのです。それが、「付加価値を付けて販売する」ということです。

大切なのは、Aさんの例で言えば、Aさんのイチゴを消費者やバイヤーに買いたいと思わせることです。買いたいと思わせるためには、簡単に言えば特徴が必要です。例えば、Aさんのイチゴはお菓子やケーキなどの加工にとても適したイチゴであるとか、糖度が他のイチゴよりも優れているといった特徴を持たせ、購入者のニーズをつかんで差別化を図らなくてはなりません。

これは他の業界では、当然、行われてきたことです。自動車や家電製品などにしても、Bという商品よりもCのここがいいから、消費者はCという商品を購入します。他の業界ではこうした競争が常に行われ、ニーズに合わないものは淘汰されています。そのような中で、農業だけが皆が同じ作物を作って、販売を他人任せにしてきたのです。

有機農業はその点、農法だけでアドバンテージがあると思います。またJAに出荷しない限り規格品である必要はないので差別化が計りやすく、特徴を出しやすいのも大きなアドバンテージです。

ここまで、イチゴ農家のAさんの例を紹介しましたが、私の農場には、このほかにもわさび農家の方や、さまざまな生産者の方が相談に来てくれます。しかし、私はこうした方々に、「こうしたら成功する」という答えを提供することはできません。それは苦しんで

苦しんで、自分で考えて答えを出すしかないのです。私ができるのは、私が手がけてきたことをお話したり、お見せしたりすることです。ぜひ、そこから何かヒントを感じて帰っていただきたいと、いつも願っています。

農業界よ、変われ！

農業では6次産業化の必要性が盛んに叫ばれています。6次産業化とは、本来1次産業である農家が、自分たちで生産した野菜を加工（2次産業）し、それを消費者に直に販売する（3次産業）ところまで活動を広げることをいいます。

私は、農業の面白いところは、種をまくところから消費者の口に入るところまでを、トータルで考えられることだと思っていますが、6次産業という言葉は、その考えに共通しています。これからの農業では、栽培すること以上に、生産した野菜に、いかに付加価値を付けて消費者に販売するかを考えることが重要でしょう。それが〝ショーバイ〟ということです。多くの農家では生産面よりも、このどうやって販売するかということに、常に頭を悩ませています。

各県には普及指導員といって、農家に対して栽培技術の指導などを行う技術員がいます。彼らは生産技術のスペシャリストであり、害虫への対処方法などの技術的なことは指導できます。しかし販売面に関しては専門外のため、指導することができません。

私は、多くの人が頭を悩ませている販売面にこそ、指導員が必要だと思っています。民主党のキャッチフレーズ「コンクリートから人へ」ではありませんが、農業の６次産業化を図るためには、民間のマーケティングのプロなどを公的なお金で雇って、農家の販売面をサポートしていくことが必要です。それができれば、農業界は活性化していくはずだと思います。

ビオファームまつきが、「中山間地における新たな有機農業のビジネスモデル」を構築することができたら、その先は、こうした販売面の指導などを行う仕事を手がけ、社会に貢献していければと考えています。私は農業から多くの喜びを与えてもらいました。だからこそ、農業の世界に恩返しをしていきたいと思うのです。

販売が上手くいけば、農業は楽しい仕事になります。自らが栽培して、プロデュースしたものですから、売れる喜びは何ものにもかえがたいものがあります。

農業で指導的な立場にいる人たちの中には、「危機的な状況だ」とか、「厳しい仕事だ」というようにマイナスイメージばかりを強調する人がいますが、「こんなに楽しい仕事はない！」と、胸を張って言える生産者が増えれば農業をやりたいという若者も増えてゆくのではないでしょうか？　そのためには、販売面を強化していくことが重要でしょう。

有機農業をはじめ農業の分野には、チャンスがあることも事実です。これまで、あまり競争が行われてこなかった分野ですから、他業界での経験を活かせば、十分に成功する可能性はあります。

私は、農業はとても面白い、可能性がある仕事だと言い続けてきました。社会問題や環境問題といった面からも注目を集めている、やりがいのある仕事です。日本の農業は、ここ何年かで必ず変貌を遂げていくでしょう。ぜひ、多くの方に生業としての有機農業にチャレンジしていただきたいと願っています。

第3章

古い友人をもてなすように

サービスマン時代に培った経験を活かす

メートル・ド・テルの仕事とは？

2章では、生業としての有機農業を目指せと書かせていただきました。それでは、生業としての有機農業を行っていく際に、もっとも大切な姿勢は何かと言えば、〝サービス精神〟を持つことだと思います。

サービス精神とは、「いかにしてお客さまに満足してもらうか？」を考える精神です。私は、この精神を、17年間のレストランサービスの経験から学びました。有機農業から少し話が脱線しますが、ビジネスとしての有機農業にも関連してきますので、しばらくお付き合いいただけましたら幸いです。

冒頭でも書いたように、私は、レストランで働いていた17年間のうち最後の5年間を、恵比寿にあった「タイユヴァン・ロブション」というフレンチレストランで過ごしました。そこでメートル・ド・テル（給仕長）として働き、最後の2年間は、プルミエ・メートル・ド・テル（総給仕長）も経験しました。

メートル・ド・テルと言っても、ピンと来ない方もいるかもしれません。「レストランのウェイターさんのこと？」と勘違いされる方もいるでしょう。メートル・ド・テルとは、簡単に言えば、レストランのサービスの責任者です。

グランメゾン（高級レストラン）の場合、メートル・ド・テルの下には、飲み物のサービス全般を担当するソムリエがいて、その下にソムリエの見習いのコミ・ソムリエがいます。また、料理を運ぶなどのサービスを担当するシェフ・ド・ラン（給仕主任）がいて、その下に見習いのコミ・ド・ランがいます。この５人でひとつのチームになっています。例えば、テーブルが10卓あるレストランでは、それを２つのゾーンに分け、５テーブルをこの５人のチームで見るようにします。メートル・ド・テルは、このチームが５テーブルで行うサービスの、すべての責任を負っています。

私はよくこのチームのことを、テレビの撮影クルーに例えて説明しています。テレビのクルーにも、ディレクターがいて、ＡＤがいて、カメラマン、カメラアシスタントがいて、音声さんがいます。このチームでひとつの番組を作ります。番組の制作の責任を負っているのがディレクターです。テレビのクルーに例えれば、メートル・ド・テルはディレクターの位置に当てはまるといえるでしょう。

フランスではメートル・ド・テルといえば、弁護士や医者、システムエンジニア、パイロットなどと同じように、ひとつの専門職として認知されています。また、「あのメートル・ド・テルがいるから、いつもこのレストランに通っている」という方がいるほど、重要視されている職種です。

メートル・ド・テルの仕事は、まさに接客です。もちろん、料理や食材に関する知識も必要ですが、メートル・ド・テルの仕事でいちばん重要なことは、「お客さまがレストランで過ごす時間を、いかに楽しんでもらうか」ということです。

お客さまは、料理だけにお金を払うわけではありません。料理、サービス、お店の雰囲気など、そこで過ごす時間のすべてをお金で買うのです。料理、サービス、お店の雰囲気をトータルで見たとき、支払った金額よりも満足のいくものであれば、お客さまは再びレストランを訪れてくれるでしょう。メートル・ド・テルは、出来損ないといったら語弊がありますが、失敗した料理をよくすることはできません。しかし、よい雰囲気を演出することでお客さまの満足度を上げることができます。逆に言えば、雰囲気づくりを怠り、いい料理を台無しにしてしまうこともできるのです。それだけ、責任が重い仕事なのです。

●サービスの法則

料理＋サービス＋お店の雰囲気＞支払ったお金＝満足感

ヴリナさんの背中

私は28歳からの2年間、フランスに移住し、「ホテル ニッコー・ド・パリ」で働きました。そのときに驚いたのは、フランスのサービスのスタッフが、お客さまに対して、とてもフレンドリーだったことです。馴れ馴れしいというのではありません。彼らは上品でありながら、とても親密な雰囲気でお客さまに接していました。

日本のレストランでは、変にかしこまってしまっているお店もあります。また、姿勢だとか、顔に手をやらないだとか、細かなところを気にしがちです。しかし、フランスでは、そういった作法的なことはあまり気にしません。それよりも彼らは、いかにお客さまに楽しんでもらうかということを常に考え、「こんなことをしたら驚くだろうな、喜んでくれるだろうな」という発想のもとでサービスを行っているのです。

フランスから日本に帰国し、銀座のあるフランス料理店の支配人をへて、私はタイユヴァン・ロブションで働くことになりました。そこで私は幸運にも、自分のサービスマン人生の目標となる、ある方と出会うことができたのです。その方は、タイユヴァンのオーナー、ジャン・クロード・ヴリナさんです。2008年1月にご逝去されたのですが、私はヴリナさんの背中を見てきたからこそ、今の自分があると思っています。それほどヴリナさんからは、たくさんのことを学びました。

ヴリナさんは、サービスの世界をずっと歩んできた方です。父親の経営するタイユヴァンを受け継ぎ、1973年にミシュランの三ツ星を獲得した後、30年以上も三ツ星を守り続けました。そんなヴリナさんから教えていただいた言葉で、今も強く印象に残っている言葉があります。それは、「遠くから、古い友人がわざわざ訪ねてきたと思って接客しなさい」という言葉です。私は今でも、常にこの言葉を心の真ん中において、日々仕事に臨んでいます。

私が、タイユヴァン・ロブションで働き始めて半年が過ぎたころ、日本人で初めてフランスのタイユヴァンでサービスの研修を受ける機会が巡ってきました。研修期間は2週間でしたが、その間にも、ヴリナさんの教えを象徴するような光景に何度も出会いました。

例えば、あるお客さまがデザートを選んでいました。5種類のデザートがあって、その中からひとつを選ばなければならず、お客さまは「これもいいな、あっ、これもいいな……」と悩んでいました。結局、その方は迷った末に、ひとつのデザートを選んだのですが、デザートの皿が運ばれてくると、お客さまが頼んだデザートに加えて、他の4種類も少しずつすべて盛り付けられていたのです。もちろん料金はいただきません。これは担当だったメートル・ド・テルが、自分の判断で、他の4種類もすべて盛り付けるようにキッチンに指示を出したのです。

「親友が、はるばる訪ねて来てくれた場合、どうするか？」。

ヴリナさんの接客の精神は、タイユヴァンで働くすべてのスタッフに息づいていました。やはり大切なのは、「来た甲斐があった！」とお客さまに喜んで帰ってもらうことです。喜んでいただけたら、それは、きっと次につながります。もしかしたら、そのお客さまは一度きりのツーリストかもしれません。しかし、その人が自分の国に帰って、「タイユヴァンでこんなサービスをしてもらった！」と、きっと友人に話すことでしょう。それを聞いた友人は、「今度、パリに行くことがあったら、ぜひタイユヴァンで食事しよう」と思うはずです。もちろんタイユヴァンのスタッフは、宣伝をアテにしてサービスをするのではありません。来ていただいたお客さま全員に楽しんでもらいたいと願い、心を込めてサービスを行っているのです。

「レストラン ビオス」でも……

ヴリナさんの教えは、私の心の中にも息づいています。先日、「レストラン ビオス」でこんなことがありました。

ある8名のグループに予約をいただきました。ビオスでは6名以上の予約の場合は、事前にメニューを決めていただくようにしています。そこで代表の方にお電話で、メニューをご相談しました。「ご予算はどのくらいですか？ 何か食べられないものや、アレルギーがあるものなどはございますか？」とうかがうと、お客さまは、「特にありません。シェフにお任せいたします」とのことでした。

予約の当日、私はお客さまを席までご案内して、この日のメニューを説明いたしました。最後に、「何か食べられないものなどはございませんか？ 大丈夫でしょうか？」と改めてうかがうと、みなさん「大丈夫です」と答えられました。

そして食事が始まり、料理をお持ちしたところではじめて、「あの……、実は私、肉料理が食べられないんです……」と、お客さまの1人がおっしゃったのです。このようなとき、みなさんならどのように対応するでしょうか？ 予約の電話で確認しているし、料理を作る前にも確認しているので、料理が出るまで何も言われなかったお客様の責任です……という対応が、もしかしたら普通のお店なのかもしれません。しかし、私はそのような対応はとりませんでした。

私は、お客さまが食べられなかった料理を下げて、代わりにシェフにすぐに魚料理を作ってもらうように頼みました。もちろん、追加の代金はいただきません。やはり、喜んでもらわなければ意味がない。お客さまが、お腹いっぱいになって満足してもらえなければ意味がないのです。

このような対応をするのは、もちろんお客さまの満足のためですが、もうひとつの意味もあります。それは、レストランのスタッフに対してです。私が、代わりに魚料理を出した対応を見て、シェフやサービスのスタッフたちは、「うちのお店では、お客さまの満足をそこまで大切にするんだ」と気づいてくれるでしょう。そして、実際にお客さまに喜んでいただき、そのお客さまが再びお店を訪れてくれたとき、「ここで働いていてよかった」と誇りに感じてもらえると思うのです。

野菜セットが届かないときは

いかにお客さまに喜んでいただくかというのは、有機農業の世界に進んでも変わりません。例えば、「ビオファームまつき」では毎週2回、7〜9種類の野菜を詰め合わせにした「野菜セット」をお客さまにお送りしています。その野菜セットの発送でこのようなことがありました。

毎週、野菜セットをとってくださるお客さまが、配達の日を忘れて旅行に出かけてしまったのです。それで、宅配便の方から、「ずっと留守みたいなんですけど……」と電話がかかってきました。何日も受け取ってもらえなかった野菜は、もちろん傷んでいます。そこで私は、とりあえず宅配便の方に頼んでその野菜セットを送り返してもらい、お客さまに在宅されている日時を確認して、もう一度、新しい野菜セットをお送りしました。

また、こんなこともありました。ある日、お客さまから、「野菜セットが玄関先に置かれていて、水浸しになっていたんですけど……」とお電話がありました。玄関先に置いたのは、宅配便の方です。お客さまが不在だったので玄関先に置いたら、たまたま雨が降ってきて水浸しになってしまったのです。

この場合、「悪いのは宅配便の方なので、そちらに言ってください」ということもできるかもしれません。しかし、私はすぐに新しい野菜セットをお送りして、後でこちらから宅配業者に連絡をして、今後は気をつけてもらうようにお願いしました。

この2つの例でお伝えしたいのは、やはりいちばん大切なのは、お客さまに満足してもらうことだということです。満足していただけたら、きっとお客さまは野菜セットを今後もとり続けてくれるでしょう。そのためには、多少の損はしてもいいと思っています。それよりも、お客さまに満足してもらうことのほうが重要です。

お客様の満足を追求していけば、タイユヴァンと同じく自然とお客さまが宣伝してくれるものだと思っています。実際に、ビオファームまつきの野菜セットをとってくださる方は、ほとんどが口コミで知った方です。

私がレストランで働いていていちばん良かった点は、サービス精神を自然と持って野菜の発送などに臨めることです。私にとってはレストランのお客さまも、野菜セットのお客さまも、同じくらい大切です。だからこそ、全く同じメンタリティーで、両方のお客さまに接するようにしています。

私が研修を受けていた農場では、きっと先ほどのような対応はとらないでしょう。現在の農業にいちばん欠けているのは、サービス精神です。有機農業を含め、生業としての農業を行っていくうえでいちばん重要なことは、サービス精神を持つことだと、私は思っています。

驚きは感動につながる

農業でのサービス精神とはどのようなものなのか？　野菜セットの例で、もう少し詳しくご紹介しましょう。私は就農した10年前から、野菜セットを販売してきました。発送当初から続けているのは、野菜といっしょにその野菜のおいしい食べ方を記したレシピを同封することです。また、野菜の特徴や、畑でどのように育ったかなどのストーリーを書いた便りも、いっしょにお送りするようにしています。

レシピを同封し始めたのは、もちろん、食べ方を知らないお客さまがいるかもしれないということもありますが、やはり「よりおいしく食べてもらいたい」という思いがあったからです。

「食べること」というのは、みなさん意外と保守的です。例えば、芝川町で有機農業を始めたばかりの頃、スナップエンドウを収穫していると、「スナップエンドウは、茹でてマヨネーズをつけて食べたらおいしいよね」と地元の方に話しかけられました。それも１人ではなく、何人もの方に同じことを言われたのです。みなさんおそらく子どもの頃から、スナップエンドウにはマヨネーズをつけて食べてきたのでしょう。そのほかにも、「菜の花はおひたしだよね」とか、「ノビル（野蒜）は塩昆布といっしょに松前漬けにしたらおいしいよね」とか、その地域で定番の食べ方があるのですが、逆にそれ以外の食べ方を知らないという人が多いのです。

47都道府県出身の芸能人が出演して、地元の料理や方言などの特徴を紹介するテレビ番組があります。その番組でも、ある県出身の芸能人が、「朝はおかゆが定番。しかも番茶のおかゆに限るよね」などと紹介しているシーンを見かけます。しかし、他県の方は「番茶のおかゆ？　しかも朝から!?」と驚いてしまいます。地域によるギャップがこの番組の面白さだと思うのですが、見方を変えれば食には地域性があって、意外とみなさんそこから1歩も出ていないのです。

一方で、私はレストランの世界にいたこともあり、ひとつの野菜についてもさまざまな食べ方を見て学んできました。「この野菜には、こんなにおいしい食べ方があるから、ぜひ挑戦してみてほしい」。そんな思いで、野菜セットにレシピを同封しています。そのレシピを見たお客さまが料理を試してくれたら、きっとこれまで知らなかったおいしさに出会い驚いてくれることでしょう。その驚きが感動につながり、よりお客さまの満足度を高めることにも、つながると思うのです。

野菜の特徴や生産のストーリーを記した便りも同じくよりおいしく食べてもらうために、同封しています。私は昔からレストランを食べ歩くのも好きで、これまでにいろいろなレストランを訪れてきました。レストランではお客さまに料理を運ぶときに、例えば、「この桃はB県のAさんという農家が減農薬で育てた桃です。しかも彼の果樹園の中でも日当たりのいちばんよい、南斜面でとれた桃です」というように、食材のストーリーを語ることがあります。その説明を聞いて、ひねくれ者の私などは「本当に見てきたのかよ？」と心中思ったりしますが、普通のお客さまは食卓に出るまでのストーリーを知ることで、目の前の桃がよりおいしく食べられるものです。

野菜セットに、その野菜が育ったストーリーを同封するのも、お客さまにより野菜のことを知ってもらい、よりおいしく食べていただきたいと願っているからです。

農家は、どうしても作ることに一生懸命になりがちです。もちろん、おいしい野菜を育てることも大切です。しかし、作ることだけに一生懸命では、それは自己満足で終わってしまいます。やはり大切なのは、いかに消費者においしく食べていただくか、いかに野菜を買ってくれたお客さまに満足してもらうかです。お客さまに満足してもらえれば、それ

サービスマン時代の著者（左から5人目）

は結果的に野菜の売上にもつながっていくでしょう。そのためにサービス精神を持って、さまざまな工夫を重ねていくことが重要です。

もっともサービス精神が重要なのは、他の産業でも同じです。例えば出版業にしても、この本を読んでいただいた読者のみなさまに満足してもらえなければ、私が次に本を出しても2度と買ってもらえないでしょう。出版業にしても「お客さまにいかに喜んでもらうか」が大切なのです。

第4章

38歳、未経験。〝ゼロからの再出発

スパルタ研修から就農。売上に応じて農地を広げる

最年長の研修生

私が有機農家を目指して、研修先を探し始めたのは10年以上前のことです。当時はまだ、インターネット上の情報が少なかったため、雑誌で研修生を募集している農場を探しました。そこで見つけたのが、これまでにも書かせていただいた栃木県の農業塾です。まずは電話をして、見学にうかがいました。そこで3日間、実際に仕事を体験して、研修を受けることを決心しました。当時は研修生を募集している農場の情報が少なく、見学に行く前から半分はそこで研修を受けようと決めていたのです。

見学の最終日には、東京から妻を農場に呼んで、「ここで研修を受けることにしたから」と話しました。1月の寒い日のことで、帰りには2人で温泉に寄りました。3日間、普段あまり使わない筋肉を酷使したため、体中が筋肉痛だったのを覚えています。そして、東京に戻ってすぐに退職願を出しました。「有機農家になるために研修を受けます」と上司に言うと、「お前の実家は農家だったっけ？　本当はどこかの店に引き抜かれたんじゃないの？」と冗談で返されました。会社を辞めた日は、一生のうちでこれほど爽快な日はないというほど晴れやかな気分でした。もう満員電車にも乗らなくていい。「俺は農業の世界で生きていくから、あとはみんなで頑張ってね」と、東京を後にしたのです。

こうして私は、その年の3月から研修を受け始めました。当時、私は37歳。おそらく、その農場の研修生では最年長だったと思います。そんな私を受け入れてくれた塾長には、とても感謝しています。

農場の1日は、早朝から始まります。特に夏場は日が昇る4時半頃から蟬時雨《せみしぐれ》の中を、自転車をこいで農場に向かいました。そこから日が沈むまで働いて、今度は蛍が舞う中を自転車に乗って帰る……。幻想的といえば幻想的ですが、毎日へとへとになって働いていた私には、その風流を感じる余裕がありませんでした。

結局、その農場では1年半、研修を受けました。1年半の間に、種まきや植え付けの季節である春を2回経験できたのは、とてもよかったと思います。1年目はわけも分からず作業をしていましたが、2年目になると「なるほど！　この作業は、こういう意味があるんだ」と復習することができ、理解を深めることができました。

例えば研修していた農場では種をまく育苗用の床土に自家製の腐葉土《ふようど》を使っていましたが、それは拾ってきた落ち葉を米ぬかや鶏糞と混ぜ合わせ、一度発酵させて雨ざらしにして肥料分を少し抜いたものでした。1年目は出来上がった腐葉土を何の気なしにポットに詰めていましたが、2年目になって腐葉土作りにどれほど手間がかかっているかを身を持って知ることができたのです。

最初はミーティングにでても、専門用語に全くついていけず、どこの圃場（畑）がどんな状況で、次にどんな作業が必要なのか……サッパリわかりませんでした。

農法は総合格闘技？

私が研修を受けていた農場は、指導が厳しくて有名なところだったのですが、研修を終えた後、新規就農する人が、おそらくいちばん多い農場でもありました。予備校に例えれば、進学率ナンバーワンのスパルタ式予備校といった感じです。

この農場では、有機農業にもかかわらず効率化を図った栽培を行っていました。有機農業者の中には、機械化に否定的な人もいます。有機農業への取り組み方のスタンスは本当に十人十色で、例えばビニールを使うのを嫌がる人もいますし、肥料をまいたり、草を刈ったりしないという人もいます。しかし、私が研修を受けた農場は、農薬と化学肥料は使わないがそれ以外は何でもありという有機農業を行っていて、まるで総合格闘技のような農法をとっていました。

ここでさまざまな機械の使い方などを含め、効率化を図った農法を学べたことは、ビジネスとしての有機農業を行っていく上でとても役立っています。

そもそも、有機農業は機械を使ってはダメだということはありません。むしろ、ビジネスとして有機農業を行っていく場合、機械化と工夫が必要不可欠です。手でやる仕事はいちばん確実できれいに仕上がりますが、いちばん非効率である場合が多いのです。販売を目的としない家庭菜園なら、1日をかけて、草取りをしていてもいいでしょう。しかし、その日の仕事の成果に生活がかかっている私としては、そんな悠長なことはできません。

手作業で1日かけて100％できる仕事があるとすれば、たとえ70％の出来でも、機械を使って半日で仕上げることを目指すのです。そうでなければ、生業としての有機農業は成り立ちません。もともとがナマケモノな私は、「どうしたら、この作業をもっとラクにできるか？　効率化できるか？」ということを、常に考えて作業をしています。

有機農業をしていると、よく見学や取材に来られた方に、「農薬も化学肥料も使えないのに大変じゃないですか？」と質問を受けることがあります。結論から言えば、みなさんが思われているほど大変ではありません。少なくとも化学肥料については、代わりに有機肥料を使っており、化学肥料が使えなくて大変だと感じたことはありません。農薬については、これまで使ったことがないため効果は分かりませんが、10年間、有機農業をやってきて、本当に害虫に悩まされたという経験は2、3回ほどしかありません。

有機農業にもさまざまな栽培方法があり、気候条件などによっても異なるため、一概には言えませんが、私は、有機農業は大変なものではないと思っています。むしろ有機農業は、農薬を使う慣行農法に比べて、省力化した農業だといえるのではないでしょうか？

例えば、キャベツを育てるときに、農薬を5回まく慣行農法があるとします。一方、有機農業では1回もまきません。だからといって、毎日、手で虫を取っているわけではありませんから、有機農業は農薬をまかない分、栽培に手間のかからない農法だといえるのです。「それで本当にキャベツができるのですか？」と、みなさん聞かれますが、商品として充分なキャベツができます。ただし、農薬を使う慣行農法のように、形がすべて揃ったきれいなキャベツはできません。

芝川町に移り住んで有機農業を始めたばかりの頃、慣行栽培でナスを作っている方に、「農薬を使わずに、ナスはぜったいに栽培できない！」と言われたことがありました。しかし、有機農業でも、もちろんナスは栽培できます。その後、できたナスを見てその方は、今度は「こんなのはナスじゃない！」とおっしゃるのです。確かにＪＡなどの規格に合ったナスを作っている方から見れば、私が作っているナスは「ナスじゃない」かもしれません。しかし、農薬や化学肥料を使わずに栽培していることに価値を感じてくれて、私のナスをJAに出荷するナスよりも、高く買ってくれる消費者がいることも事実なのです。

生業としての有機農業を行っていくためには、第一に生産がしっかりしていることが必要です。大型機械を入れて効率的に生産する方法を学べたことは、今も財産になっています。私と同じように、一度社会人を経験してから有機農家に研修に入る人は、勉強になる部分と遅れているなと感じる部分が、おそらくあることでしょう。私は、それが当然だと思っています。ある会社で働いていて、別の会社に転職した場合にも、勉強になる部分とそうでない部分が、きっとあるはずです。それと同じことです。研修先では勉強になる部分は盗んで、それ以外のことは反面教師にして、自分が就農したときに活かせばいいのです。

しかし、経験ゼロで新たに有機農家になるためには、農場で実際に研修を受けたほうがよいでしょう。例えば、レストランを開業したい場合にも、やはりどこかのお店に入って1年くらいは修行をします。そこで働きながら料理だけでなく、仕入れの方法から接客、会計まで、レストラン運営に必要な実務を勉強します。調理師学校でも包丁の扱い方などの技術は学べますが、それ以上のことはやはり現場で学ぶのがいちばんです。それと同じように有機農家になりたい場合にも、すでに有機農家として独立している農場に、研修生として入って勉強するのがいちばん手っ取り早いのです。

現在では、インターネットの普及により研修先の情報が探しやすくなっています。私の就農した頃から比べたら、格段に便利になりました。

露地栽培だからこそ用意できた準備資金

研修先を探すことを先に書いてしまいましたが、その前に準備しなければならなかったのが準備資金です。研修期間は衣食住の心配がなく、生活に困窮することこそありませんでしたが、無収入同然の身でした。だから研修に入る前に準備資金は用意しておく必要がありました。

準備資金はハウスなどの施設でメロンなどを栽培する場合には、最低1000万円くらいは必要でしょう。酪農の場合は、1億円近く必要かもしれません。一方でこうした情報がひとり歩きしてしまうために、農業を始めるためには、莫大な資金が必要だと思っている人がいるのも事実です。私も農場に見学に来た人に、「新規就農には、2000万円くらいは必要ですよね？」と聞かれたことがあります。しかし、ビニールハウスなどの施設を使わず、露地栽培で有機農業を行う場合には、一般に想像されるほど資金はかかりません。

私が新規就農したときのイニシャルコストは、100万円くらいです。当初にかかった費用をまとめてみたいと思います。

●トラクター（中古）……約40万円
●軽トラック（中古）……約10万円
●管理機（新古車）……約25万円
●ハウス（中古）……約5万円
●草刈機……約2万円
●その他（鍬などの道具、雨合羽、長靴、資材など）……約20万円

合計　約102万円

この金額をみなさんはどう捉えられるでしょうか？

以前、「ビオファームまつき」に研修を受けに来た人で、準備資金がゼロという人がいました。それは、かなり甘いと思います。これから仕事を辞めて家族を連れて有機農業を始めようとしているのに、資金がゼロでは、熱意を疑われても仕方がありません。例えば、

「留学して勉強したい」と言っている人で、資金を貯めていない人はいないと思います。これまでにも書いたとおり、新規就農するということは、独立開業することと同じです。ベンチャーの企業を立ち上げたり、カフェなどのお店を開いたりするときと同様に、開業準備が必要なのは言うまでもありません。

前ページで挙げた費用のほかに、種代や有機肥料代、土地や住居を借りる費用なども必要でしたが、それらを含めても1年目に必要だった費用は、150万円ほどだったと思います。私が研修を受けていた農場では、そこを卒業して新規就農した人が50人ほどいましたが、その全員のイニシャルコストを平均しても、おそらく150〜200万円だと思います。

ただし、その後すぐに有機農家として生活ができるかと言えば、それはまた別問題です。

熱意は書面で伝える

研修を終えた後、私は農地を借りる相談のために、すぐに静岡県の芝川町の役場を訪ねました。

そのときに持参したのが、経歴書と企画書です。農地を借りる相談には、市町村役場の農政課をはじめ、県の農林事務所や農協なども応じてくれますが、どこに行くにしても手ぶらでは話になりません。担当者は第一に、その人が地域に入って農業をしっかりと続けていけるかをチェックしています。それは、企業の面接と同じことです。面接でも人事担当者は、この人が会社に入ってしっかりとやっていけるかをチェックしています。そのときに口だけで、「私はやる気があります。信念があります！」と言っても、誰も信じてくれないでしょう。

私が持参した経歴書には、レストランの経験を始め、研修で学んだ農業経験を詳しく記入していました。例えば、何十品目の基礎的な栽培技術を身につけていますとか、トラクターの操作ができますなど、有利になると思われることを書き出しました。農業高校や農業大学を卒業している人は、その経歴を書いておくのもよいでしょう。

一方、企画書には、就農してからの経営計画を書きました。例えば、希望する畑の面積や栽培する品目、予定する販売先などについてです。こういった書類を用意しておくことで、役場の担当者の反応は大きく違ってくると思ったからです。もちろん相談に訪れるときには、事前にアポイントメントをとってから行くことが基本です。

芝川町の役場に相談にうかがい、幸運なことに、すぐに土地を借りることができました。そのときに力になってくれたのが、農業委員です。農業委員とは市町村に置かれる行政委員で、その地域の世話役のような役割を担っています。例えば、荒れている農地があったら「ちゃんと耕してくださいよ」と農家を指導したり、農地を借りたいという人がいれば、その手助けや橋渡しをしてくれます。また、農地を宅地に転用したいという人がいれば、それを認めるかどうか農業委員会を開いて判断します。

担当の農業委員が親身になって対応してくれたため、スムーズに就農することができました。もし農業委員が、「なんか面倒なやつが来たな……」という対応だったら、その地域では就農できなかったに違いありません。

農地を探すサポートをしてくれたり、地元の農家との橋渡しをしてくれる農業委員の存在は、非常に重要です。しかし現実には、農地を広げてゆくうちにわかったことですが、農業委員の農家の世話役としての役割は機能していない場合が多いのです。

私はお世話になったクチではありますが、その重要な仕事を、農業委員のような公的な機関で働く人だけに任せていていいのか疑問に思います。

農業をやりたいという若者が増えている中で、多くの人が農地を借りることができずに悩んでいます。そのような現状を改善するためには、農業委員が行っている仕事を、民間の企業やNPOが手がけるようにしていくべきです。その場合、運営費は国や県などが支払い、相談者は無料で相談できるようにします。

話が脱線しましたが、このように農業をやりたい人が農業を始めやすい、環境を整えていくことも重要だと思います。

富士山の麓・芝川町

私は、妻の実家が静岡県だったため、当初は静岡県全域で農地を探していました。しかし野菜の販売先として、都心のレストランを意識していたこともあり、結果的に静岡県の中でも東京に近い、県東部で探すことにしたのです。中でも、できるだけのどかな田園風景が広がるところがいいと考えて、芝川町の役場を訪ねました。ここで借りられなければ他の市町村に行ったかもしれませんが、幸運にも最初に訪れた芝川町で就農することができました。ここから都心までは、新幹線を利用すれば約1時間半で行くことができます。

芝川町に就農してみて感じたのは、就農した場所の近くに大きな消費地があることは、販売上とても重要な要素だということです。芝川町の場合、車で15～30分の距離に富士宮市の市街地があります。車を1時間も走らせないとコンビニもないという地域では、「野菜セット」を販売する際には、宅配便に頼るしかありません。例えば、私が研修を受けていた栃木県の農場では、車で約1時間かけて宇都宮市まで配達に出かけていました。野菜の配達を自分で行うことを考えた場合、この距離がギリギリだと思います。

もちろん、研修を受けていた農場の周りにも市町村はありました。しかし、それらは農場がある町と同じように、みなさん自分の畑で野菜を作っていたのです。そのため住民の方が、野菜セットのお客さまになってくれる可能性は、ほとんどありませんでした。

それに比べて、芝川町は恵まれています。車で30分以内の距離に富士宮市、富士市と10万人規模の消費地が2箇所もあります。消費地に近いという有利さは、野菜セットの販売だけに限りませんでした。

私は就農してから7年後に、自分が育てた野菜で作った惣菜を販売するデリカテッセン「ビオデリ（Bio-Deli）」を、富士宮市の街中にオープンさせました。ビオデリで販売しているのは惣菜です。レストランやカフェなどは非日常を味わってもらう意味でも、田舎にあっても問題はありませんが、ビオデリは日常的に利用してもらうことを想定していました。例えば、買い物のついでや仕事帰りに立ち寄ってもらうことを考えた場合、やはり消費地の中にあることが重要です。このビオデリから私の畑までは車で15分ほどです。もし、ビオデリで料理する野菜が不足しても、すぐに畑までとりに行くことができる距離なのです。

富士山が一望できる芝川町

スタートは40a（アール）

私が就農当初に借りた畑の総面積は、合計40アール（約1200坪）でした。その中のある畑は地盤が固く、何を植えてもうまくいきませんでした。そこで何年も堆肥を入れたり、硬い地盤を砕く機械を入れたりして、現在ではもっとも収穫が望める畑になっています。その代わり、新しく借りた畑では、やはり作物がなかなか育たない畑もあります。

芝川町のような中山間地では、広い畑を入手できることはまずありません。そのため近隣の複数の畑を借りて、栽培を行うのが一般的です。その際に大切なのは、畑の性格を知り、畑を使い分けることです。

例えば、もっとも収穫が望める〝エースで4番〟の畑には、もっとも失敗が許されない作物を植えます。一方、〝ライトで8番〟の畑には、失敗しても影響が少ない作物を植えるようにします。このように、畑地の分散化を逆手にとって畑に合わせた作物を選びながら生産を組み立てていますが、畑を判断する目を養うのには、やはり何年かかかりました。

休耕地を借りた場合、土作りの期間が必要だとよく言われますが、その点については私は一概には「そうする必要がある」と言えない部分もあると思います。例えば、1年目から作物がよく育つ土地もありますし、何年たってもうまくいかない土地があることも事実です。

作物の出来不出来については、耕作をしていない間に、地主さんがどのように管理してきたかがポイントだと思います。例えば草に覆われるのを嫌って、毎年、除草剤がまかれてきた土地は見た目はきれいですが、野菜を育てる場合、除草剤の影響をとりのぞくのに時間がかかるかもしれません。逆に見た目は草に覆われていても、地主さんがこまめに草刈りをしていた土地では、自然の有機物が堆積して、ふかふかの土になっていることも考えられます。もし、畑を借りるときに地主さんと話す機会があれば、その土地がどのように管理されてきたかを確認するとよいでしょう。私がこれまでに経験してきた感覚では、除草剤をまいてきた土地よりは、何も手を入れずに放置してきた土地のほうがまだ栽培がしやすいと思います。

身分相応の暮らし

第１章に書かせていただいたように、私は田舎でのゆったりとした暮らしに憧れて、有機農業の道に進みました。しかし当時は、もうすぐ子どもが生まれるという状況でしたので、もちろん生活費も稼がなければなりませんでした。よくいろいろな方から、「就農してやっていけるか、不安はありませんでしたか？」と聞かれることがあります。確かに就農する前は、有機農業で生活していけるか不安でした。しかし、就農してからは何とかするしかないだろうと、いい意味で開き直って前向きになることができました。家族を食べさせていくくらいは何とかなるだろう、どうしようもなかったら、アルバイトをしながらでもやっていこうと思っていたのです。

そんな1年目の売上は、およそ250万円でした。初期費用と経費が約150万円かかりましたので、さし引いた利益は約100万円です。実は、1年目から100万円の黒字なのです。もちろん、100万円では生活できませんから、貯金からの持ち出しがいくらかありました。

それでも、就農2年目には売上が400万円を超え、貯金からの持ち出しもなくなりました。2年目は初期費用がかからないのも理由のひとつですが、売上に応じた暮らしをしていたのも大きいと思います。

私が好きな言葉に、「身分相応」という言葉があります。売上が少なくても、それに応じた暮らしをすればなんとかなるものです。就農1、2年目は、食卓に並ぶのは自分たちが育てた野菜だけでした。あとは2日に1回の発泡酒を楽しみにしていました。野菜セットを発送するダンボールも、当初はスーパーで不要になったものをもらってきていました。就農1年目から、東京のレストランに営業に行っていましたが、交通手段は高速バスです。所有している車も軽トラ1台だけで、服も作業着しかいりませんから、ほとんどお金がかかりません。このように身の丈にあった暮らしをしながら徐々に売上げを上げていったのです。

はじまりは無借金で

私は、有機農業は借金をしてまで、始めるものではないと思っています。

有機農業は無借金で始められて、実績を積みながら規模を拡大していくことができる農業だといえるのです。まずは、数百万円の初期費用を準備して就農します。そして1、2年目と段々と売上が伸びてきたら、例えば、その利益で小さな育苗用のハウスを建てます。3、4年目とさらに売上が伸びてきたら、新しいトラクターをもう1台購入します。このようにある程度実績を積んだ上で、次のステップに投資していくことが重要ですし、それができるのが有機農業なのです。

施設栽培の場合には、こうはいきません。これから初めて農業にチャレンジするのに、ハウスなどの施設のために、いきなり数千万円の借金をするというのはとてもリスクがあることだと思います。

社会人経験から狙い目を……

有機農家では年間に60〜80品目の野菜を栽培し、その多くが野菜セットを販売しています。また、食材宅配を手がける企業も多く、新規就農者が野菜セットを販売しようと思った場合、これらの競合に打ち勝つ必要があります。その際に必要なのは、同業者との差別化です。

私は就農1年目から、通常の野菜に加えて西洋野菜を栽培しました。研修先では栽培していなかったのですが、本やインターネット、種苗店などから情報を得て、試行錯誤を重ねて栽培しました。なぜ、そうまでして西洋野菜を栽培したかといえば、自分が食べたいということもありましたが、作ったら売れると踏んだからです。下世話な話ですが、例えばルッコラは買うととても高いのに、ひと袋あたりほんの少量しか入っていません。しかし栽培が難しいかと言えば、そんなことはありません。栽培すれば、普通に収穫することができます。日本では生産する農家が少ないから、価格が高くなっているのです。しかし、普段から料理に使用するレストランなどは、ルッコラが高くても買わなければなりません。それなら、ルッコラを作って通常よりも安く販売すれば、きっと売れるだろうと思ったのです。

このほかにも、私が以前働いていたフランス料理のレストランでは、小さなズッキーニやフヌイユなどの野菜を、輸入業者から買っていました。フランス業界では、フランスやイタリアから空輸してくるので、値段はとんでもなく高くなります。それでも、本場の野菜がおいしいからということで輸入しているのですが、同じような品質のものが日本で作れて、安く販売できれば、きっと売れるはずです。その狙いは当たり、就農1年目から、何軒かのレストランと契約して、野菜を卸すことができました。

これまでの農家は、作物を生産してＪＡなどに出荷すれば、売上が確保されていましたが、これからは自分たちで販路を開拓していかなければなりません。その際、どうやって販売するかを考えながら、消費者ニーズを踏まえた上で栽培する野菜を決めることが大切です。

役立ち情報は種屋から

田舎には通常、地域ごとに何軒かの種屋があります。いわゆる種苗店と呼ばれるお店で、種や苗はもちろん、キュウリのネットやビニールハウスの材料など、農業資材も扱っているのが一般的です。私は就農したときに、近くにあった3軒の種屋を回って、品揃えはもちろん、店主の対応や周りの農家の評判などを確認し、どこの種屋を使うか決めました。幸運だったのは、就農した地域に信頼できる種屋があったことです。跡取りの若い店主が運営している種屋で、ただ種を販売するだけでなく、さまざまな相談に乗ってくれます。

例えば、「イタリア野菜のこの品種がほしいんだけど」と頼めば、その品種を探してくれて、さらに、「ネットで調べたら、こちらの品種の方がいいって出ていました」と別の品種を用意してくれたり、「去年、Aさんが栽培してすごくうまくいったので、この品種もいいと思いますよ」と作付けの前に新しい品種を用意してくれるなど、様々なアドバイスをしてくれます。

私たち農家はある品種を、1年に一度しか栽培することができず、1回分の経験値しか積むことができませんが、種屋には、そこで種を買った100人、200人、300人の情報が集まってきます。「あの種はダメだった」と文句を言いにくる人もいますが、「どこの地域で作った人は、すごくよく収穫できた」、「あそこの地域はダメだった」などといった場所による出来不出来や、「その原因は、きっと水はけが悪いからだ」といった原因分析まで、種屋には栽培に役立つ情報が集まっているのです。

もちろん、しっかりと情報を収集している熱心な種屋もあれば、ただ種を売っているだけの種屋もあります。例えば、「ビニールハウスの材料は配達してくれますか？」と聞いたときに、配達してくれる種屋もあれば、配達はしていないという種屋もあります。

種屋は、農業を支える大切な業種のひとつです。そういう意味では、勉強熱心でモチベーションが高い店主がいる種屋とお付き合いできたことは大いに助かりました。

近所付き合いは、タイヘン！

縁もゆかりもない地方で新規就農する場合、地元の人とどう関わっていけばよいのでしょうか？　私と同じ栃木県の農場で研修を受け、愛知県で新規就農した後輩は、地区の消防団にも参加し、地元にとけ込もうとかなり努力しています。一方で私のように、ほどほどの距離を保って地元の人と接している農家もいます。

就農時は農業委員の骨折りで、築50年の古民家を貸していただきました。その地域には「組」と呼ばれる組織があり、私はそこに加入しました。20軒ほどの家が集まった組織なのですが、そこに入れてもらっていちばん驚いたのは、その組の中で誰かが亡くなった場合、組の20軒の人すべてが会社を休んで、お通夜やお葬式をすることです。しかも、お通夜やお葬式は、その方の家で行います。最近では、葬儀場を利用することも増えてきたようですが、まだまだ家で行うことも多く、そのとき女性は料理の準備を、男性はテントを立てたりして、お通夜やお葬式の準備を行います。こうした習慣があることにも驚きましたが、各組にテントや座布団、茶碗など、葬儀を行うために必要なものが一式そろっていることにも驚きました。

しかも、お通夜やお葬式だけでなく、初七日、四十九日にも組の人すべてが会社を休んで出席します。東京などの都会では、こんなに何日も休みを取っていたら、きっと上司に「その方は、親戚だっけ？ 本当に葬式なの？」と、とがめられるに違いありません。

なぜ、こうした相互扶助の関係が発達したのか。それは農業に関連しています。昔は、今のように機械化が進んでいなかったため、田植えなどは組のみんなで力を合わせて行っていました。例えば、1日目はAさんの田んぼに組のメンバー全員が集まり、田植えを行います。田植えが終わったら、Aさんの家に集まってみんなでお酒を飲みます。余談ですが、こうした宴会は、「早苗宴《さなぶり》」と呼ばれていました。そして次の日は、Bさんの田んぼにみんなが集まって……ということを繰り返して、全員の田んぼに田植えをしていきます。こうした関係を「結《ゆい》」と呼び、昔の人は大切にしてきました。今では機械化が進み、各家庭内の力だけで田植えが賄えるようになりましたが、こうした相互扶助の精神が、冠婚葬祭などの行事には、今も受け継がれているのです。

また、組では毎月1回、各家庭の代表が集まって「月例会」を開いていました。月例会では、例えば都会では「○○区のお知らせ」のように回覧板で回される程度の連絡事項を、組長さんがひとつひとつ読み上げ伝達していきます。「何日から、あそこの道路に工事が入るから気をつけてくださいよ」とか、「来月、小学校でこんな行事があります」とか、伝達していくのです。こうした連絡は15分くらいで終わって、その後は必ず飲み会が開かれます。結局はそれが目的なのかもしれません。月例会の場所は、組の20軒で持ち回りになっていて、当番の回には、その家の人がみなさんを接待しなければなりません。これが、けっこうな負担です。最近では、月例会を開かない組や、開いても宴会はなくお茶を飲むだけという組も増えてきているようです。

もうひとつ、組に入れてもらって地元の方たちと接して驚いたのは、彼らは、何でも自分たちでやってしまうということです。例えば、ある農道が崩れてしまったとき、普通なら役場に連絡が行き、土木課などが業者を発注して直します。しかし、役場の人に「材料を渡すから、自分たちで直しておいて」と言われることがけっこうあるのです。それにも驚きましたが、さらにすごいのは、地元の方は、「じゃ、おれユンボ持ってくるから」とか、「じゃ、おれ何々持ってくるから」と道具を持ち寄って、みんなで直してしまうのです。私も手伝いに行きましたが、道路を掃くことぐらいしかできませんでした。

地方では、地域の結びつきが強く、様々な行事やその地域だけのルールなどが存在します。愛知県で就農した私の後輩のように、地域の人と深く関わった方がいいのか、それとも距離をとった方がいいのかは、地域によって事情がことなるため難しい問題ですが、私は関わり方はできる範囲でいいと思っています。

私の息子もそうですが、地方の保育園や小中学校は、各学年1クラスしかないことがよくあります。その場合、保育園の年少組から中学校3年生まで、ずっといっしょに過ごすことになります。その関係は、大人になってからも続きます。地元で農業をしたり、就職したりする人は、みんな3歳の頃から知っているという間柄なのです。そこによそ者が入っていって、同じ空気を共有しようとするのはなかなか難しいことです。だから無理はしないで、できることはするというスタンスでいいのではないでしょうか。もともと価値観が違うのに、無理に合わせようとすると、お互いにストレスになってしまいます。

引越しを期に、私は組に入ることはなくなりました。その代わりしっかり挨拶をするとか、助けていただいたり、何かをいただいたりしたら、ちゃんとお礼やお返しをするとか、一般的な近所付き合いはしっかりと行っています。そういう常識的な付き合い方を続けていれば、だんだんと信頼関係を築いていくことができるのです。

耕作地を広げる

就農当初、40アール（約1200坪）だった耕作面積は、2年目3年目としだいに広げてゆきました。「うちの畑もやってほしい」、「ここもどう?」というお話をその都度いただき、だんだんと増えていったのです。しかし、最近では周囲に空いている畑も少なく、「ここも使ってほしい」と頼まれることもなくなりました。まだまだ土地を広げたいと考えているので、行政を通して、「どこか近くに、まとまった畑はないか」と、相談に乗ってもらっています。

農地を借りる場合、もちろん地主さんに直接お願いをする方法もありますが、やはり行政を通した方がいいと思います。農業委員などの第3者に間に入ってもらったほうが、どこの誰だか分からない人に貸すよりも地主さんも安心できます。

しかし現状では、どこの畑が空いているのか、行政側も情報を持っていないのです。そのため自分で使っていない畑を見つけて、「あそこの畑が荒れていたんですけど、紹介してくれませんか？」と、行政に相談に行ったこともあります。そのときは、行政の担当者が地主さんに連絡して聞いてくれたのですが、相談に行った翌日には、荒れていた畑がきれいに耕されていました（笑）。

耕されていない畑や、貸してもいいと思っている地主さんが少なからずいるにもかかわらず、農地の流動化が進まない理由のひとつには、農地法の存在があります。農地法では、例えば5年間の契約で農地を借りていて、3年目に地主さん側が「やっぱり返してほしい」と思ったとしても、借り手が、その農地がなくなってしまうと生活が成り立たなくなるような状況では、返さなくてもいいことになっています。つまり、借り手の権利の方が強いため、「農地を貸したら、そのまま取られてしまう」と不安に思っている地主さんもいます。そこがネックになって、なかなか農地が流動化しないのです。そこで、新たな動きとして出てきたのが「農業経営基盤強化促進法」の改正です。2010年4月に行われました。この法律で農地を借りる場合、設定した期限がきたら借り手はその農地を返さなければなりません。この法律であれば、地主さんも安心して農地を貸すことができます。

「畑を返してほしい」と言われたとき

遊休地だった畑を借りて、ようやく野菜が思うように栽培できるようになってきたときに、突然、地主さんから「畑を返してほしい」と言われたことがあります。

その事情は様々です。例えば、地主の方が亡くなられて、その農地を子どもさんたちが相続した場合、その農地を売りたいというケースがあります。また、圃場整備が完了して貸していた畑が耕作しやすくなり、「やっぱり自分で使いたいから、返してほしい」という場合もあります。

農地法上では借り手の権利が強くなっていますが、実際には、「返さない！」と居座ることはできません。そんなことをすれば、もうその地域の人からは、二度と農地を借りることができないからです。

私が「返してほしい」と言われた農地では、町が一帯の農地を買い上げて住宅団地を開発する計画があり、地主さんは「町に農地を売るので返してほしい」ということでした。町では人口がどんどんと減っており、いわゆるニュータウンを開発して若い世帯を呼び込みたかったようです。私が堆肥をまいて土づくりをした畑の上には、今は住宅が建っています。本当にもったいない話です。

代々の土地を受け継いだわけではなく、畑を借りて一から新規就農した農家にとっては、「農地を返してほしい」と言われることほどショックなことはありません。しかし、畑を借りている身ですから、常にその可能性があることは覚悟しておかなければなりません。地主さんにしても、「来週までに返してほしい」というような無茶な要求をしてくることはまずありません。「秋までに」と季節を区切ったり、「来年の春までに」といった具合で言われます。こちらも半年くらいの猶予があれば、畑を返したあとの栽培計画を見直すこともできます。

借りた農地は返さなければならないときもあります。だから大半の新規就農者はいつかは自分の農地を購入したいと考えています。農家にとって、畑は生活の基盤。どんなことがあっても自分の家族は養っていけるだけの畑は確保したいと、ほとんどの農家が思っているはずです。私も２００８年に、「レストラン　ビオス」を建てた土地を初めて購入しました。農地の購入には、その地区の農業委員に相談するなど、さまざまな方法があります。私の場合は、不動産会社から最初に話をもらいました。その後、持ち主の事情で、その土地は競売物件になったのですが、その入札に参加して、当初の金額よりも少し安く入手することができました。競売物件には、ときどき農地が出てくることもあるのです。

土の上にも3年

厳しかった研修から逃げ出すように農場を飛び出し、就農するときに、塾長から言われた言葉を今でも覚えています。

「3年やってもダメなやつは、10年やってもダメや！　よう覚えておけ！」

その言葉の裏側には、「うちの農場を出たからには、どんな悪条件の土地で農業を始めようとも、3年で結果は出せる。それができなければ、オマエには百姓の素質がないということや」という自負が込められていたと感じています。

1年目2年目は新規就農者にとって決して楽な年ではないでしょう。

実際に、私たちのような新規就農者が借りられる土地は、地元の人も決して手を出さないような何年も放置されてきた土地だったりします。いくらそこに良質の堆肥を注ぎ込もうとも、まともな作物が取れるまでには、2年から3年はかかります。ましてや就農1年目は、初めての土地で、初めての気候条件での挑戦です。しかもほとんどの野菜は、1年に一度しか栽培を経験できません。失敗した料理はすぐに作り直すことができますが、野菜は次の年まで待たなければなりません。農業は経験すること（＝失敗すること）がものを言う世界なのです。

また、農業の教科書には、「こうしなさい、ああしなさい」ということは書いてあっても、「ここまで手抜きをしても、なんとか収穫にありつけますよ」ということは書いてありません。それは経験で知るしかないのです。手をかけることが大切なのではなく、いかに手を抜きながら（効率化を図りながら）、収穫するかということが、生業としての有機農業を続けていくためには肝要です。それを自然から教えていただくまでには、3年はかかります。

販売先を確保し、生活できるだけの売上を上げていくまでにも、3年くらいはかかるでしょう。1年目はアルバイトをする必要があるかもしれないし、2年目は貯金を切り崩す必要があるかもしれません。しかし、3年目までには、有機農業1本でやっていけるようにならなければなりません。「3年やってもダメなやつは、10年やってもダメや！」という塾長の言葉には、そんな想いも込められていると感じています。

就農からの年間売上は?

私は就農2年目から貯金を切り崩さない生活ができるようになりました。野菜セットをメインとする売上を順調に伸ばすことができたからです。

これから就農される方の中には、果たして3年で生活できるようになるか、不安に思っていらっしゃる方もいるでしょう。

そこで就農から5年間のビオファームまつきの売上を、概算ですが以下に記したいと思います。ビオファームまつきの歩みがすべての新規就農者に当てはまるわけではありません。ですがそうした方々にとってひとつの指針にしてもらえればいいと思います。

- 01年……約250万円
- 02年……約480万円
- 03年……約690万円
- 04年……約1140万円
- 05年……約1530万円

ついてきてくれた家族

ここまで私の研修経験から、農地の取得、2～5年目の生活までを書いてきました。私の農場には、よく新規就農を考えている方が相談に来てくれます。そのときに私は、有機農家になるために必要な3つのものについてお話しするようにしています。その3つとは、次のとおりです。

①熱意と情熱。有機農業で生きていくという固い決意
②家族の理解と応援
③少しのお金

もちろんベースには「健康な体」が必要なのは当然ですが、熱意があって、家族の応援があり、少しのお金があれば、有機農家としてやっていくことができると私は考えています。

1番目の「熱意と情熱」についてですが、有機農業ではもちろん、売上を上げなければ

生活をしていくことはできません。私は、田舎での隠遁生活に憧れてこの道に進んだクチですが、それでも家族を養っていくためには、ある程度の売上が必要だと考えていました。

その体験から反省も込めて思うのは、「都会のギスギスした競争社会がイヤだから、田舎でのんびりと自分らしく生きていきたい」という現実逃避的な考えでは、上手くいかないということです。そうした考えで就農するのであれば、会社に雇われていたほうが、よっぽどラクかもしれません。

これまでに何度も書かせていただきましたが、新規就農するということは、独立開業することと同じです。しかも農業の世界では、農業を始めるのにいちばん有利な条件がそろう農家の跡継ぎも、農業をやらない時代です。そんな世界に飛び込んで農業をやるのですから、相当のバイタリティーが必要なのは言うまでもありません。

そんな厳しい状況の中で有機農業を続けていくときに、やはり支えとなるのが、2番目の「家族の理解と応援」でしょう。私も妻の理解がなければ、ここまで続けてくることができなかったと思っています。

私が妻に、有機農業の道に進むことを打ち明けたのは、研修を受けた農場に見学に行く2ヵ月ほど前でした。ちょうど健康診断があって、扶養家族だった妻といっしょに病院に行きました。その帰りにお茶を飲みながら、「実は、レストランを辞めようと思っている」

と話したのです。妻は、私の心をすでに分かっていたようでした。私は移住関連の本を買ってきたり、農場に手紙を書いたりしていましたから、それを見て気づいたのでしょう。

妻は、積極的に賛成はしませんでしたが、理解はしてくれました。当時はまだ子どもがいなかったため、専業主婦だった妻はある意味、優雅な生活を送っていたと思います。朝、私を送り出してからは犬の散歩をしたり、習い事に出かけたり、時間的にも金銭的にもほとんど苦労のない生活でした。それを投げ打って、よくついてきてくれたと感謝していま す。

最後に「少しのお金」についてですが、露地栽培で有機農業を始める場合には、一般の方が思っているほど初期費用がかからないからです。

これから有機農家を目指す方には、以上の3つの準備をしっかりした上で、ぜひ挑戦していただきたいと願っています。

第5章 高速バスで、東京のレストランへ営業に

1年目からの販売戦略

オリジナルダンボール誕生秘話

私は、自分の家族が日々食べるものを、自分の手で作りたいというところから、有機農業の世界に足を踏み入れました。そのため、もちろん農薬は使いませんし、慣行栽培のようにレタスやトマトなど、ある特定の品目に絞って大量に生産することもありません。有機農業では私が行っているように、年間に60〜80品目の野菜を少しずつ栽培する「少量多品目栽培」が一般的です。

こうした少量多品目栽培の利点を活かした販売方法が、多くの有機農家が採用している「野菜セット」です。野菜セットは、その時期にとれる野菜を何種類か詰め合わせにして、定期的に消費者に発送するというスタイルが一般的です。例えば、「ビオファームまつき」では、7〜9種類の野菜を詰め合わせにした野菜セットを、毎週2回、月曜日と金曜日に発送しています。続けて野菜セットをとっていただいているお客さまにも、毎回、自分が希望する発送日を、インターネットからご注文いただけるようにしています。

有機農家として独立した場合、JAやスーパーなどに出荷する人もいるかもしれませんが、やはり個人の顧客を確保し、宅配便などを使って直接販売する方法がもっともポピュラーでしょう。その主力になり得るのが野菜セットです。

私も就農1年目から、野菜セットを販売してきました。当時は親戚や友人、知人などにもお願いして、1週間に10〜15セットを発送していました（就農した本当の当初は、週に3セットでした）。現在では数も増えて、1週間に約120セットを発送しています。

野菜セットを販売するとき、価格をいくらに設定するのか、悩まれる方もいるでしょう。私は、自分が買いたいと思える金額を基準にしました。私は有機農家になる前は、東京に暮らす一消費者でした。消費者の立場だったら、いくらぐらいが購入しやすいのか、自分の感覚を大切にしたのです。一方で、同じように野菜セットを宅配している有機農家が、いくらで販売しているかも調べました。そして当初につけた価格は、2100円（税込み・送料別）です。その後、価格を改定し、現在では2310円（税込み・送料別）で販売しています。

価格をアップさせた理由は、発送に使うダンボールをオリジナルのものに変更したためです。就農した当初は発送に使うダンボールは、スーパーなどで不要になったものをもらってきていました。しかし、野菜セットの注文の量が増えてくると、逆に毎回ダンボールを集めるのが大変です。そこで、ビオファームまつきのオリジナルのダンボールを作ることにしたのです。そのほか、肥料などの経費が上がってきたことも、価格を上げた理由のひとつです。

リピーターを増やす3つの工夫

①サプライズのある野菜を

価格を上げたとき、「継続して購入してくれている方が離れてしまうのでは……」という不安もありました。しかし、ありがたいことに、ほとんどの方が継続してくれました。現在でも、7~10年と長期にわたって購入を続けられるお客さまが数多くいます。続けていただける理由はさまざまだと思いますが、いちばん大きな理由は、お送りする野菜を、とても気に入ってくださっているという理由があると思います。

野菜セットでは、その時期にとれる野菜を7~9種類詰め合わせにして発送していますので、すべての野菜を気に入っていただくのは、なかなか難しいことです。しかし、その中のひとつでも気に入っていただければ、お客さまは継続してとってくれます。例えばニンジンがお客さまの口に合ったために、ニンジンが届けられる季節を毎年、楽しみにしているという方もいます。そういった方の期待は絶対に裏切らないように、常にいい状態の野菜をお届けできるように心がけています。

一方で、毎回届けられる野菜が、同じような品目に偏らないようにも注意しています。私は基本的には食べておいしいもの、料理をしやすいものを栽培して、お客さまにお届けしています。ただしその中に、ちょっと意外性のある野菜を加えるようにしています。例えば、大浦ゴボウがいい例でしょう。大浦ゴボウは、見た目は普通のゴボウよりも太く、やわらかくて香りがとてもいいのです。こうしたサプライズがあると、お客さまも感動してくれて、きっと野菜セットが届くのを楽しみにしてくれると思うのです。

このほかにも食用のホオズキや、ナスタチウムという食べられる花なども栽培しています。ここ数年では、植え付けの時期にスタッフとミーティングを行って、新しい品目にも挑戦しています。スタッフから、今年はこの野菜に挑戦してみたいという意見が出ることもよくあります。もちろん失敗もありますが、それは経験値として蓄積していけばいいと思っています。

「え!?　これゴボウなの?」という印象を持たれる方も多いのですが、食べてみるとすごく

②加工品で端境期を乗り越える

野菜セットのお客さまを飽きさせない工夫として、3、4年前から加工品の商品化にも力を入れています。加工品を作り始めたのには、いくつかの理由があります。ひとつには、

有機農業では慣行栽培のようにすべての野菜を、形をそろえてきれいに栽培することはなかなかできません。どうしても、形の悪いものや小さいものなどができてしまいます。こうした野菜は、自分の家で食べているという有機農家も多いことでしょう。私もその1人でしたが、形の悪い野菜なども有効利用したいと考え、加工品に挑戦し始めたのです。

もうひとつの理由は、〝端境期〟を乗り切るためです。端境期とは、冬野菜の収穫が終わり春野菜の収穫が始まるまでの期間のことで、一般的に3月から4月に当たります。この時期は、畑に収穫できる野菜が少なくなり、多くの有機農家が「発送する野菜がなくなるのでは……」と、はらはらしている時期です。なかには、この時期は野菜セットをお休みするという有機農家もあるほどです。

私はこの端境期に、野菜の品目が少なかった場合などに、代わりに加工品を入れて発送するようにしています。ニンジンジュースや大根の甘酢漬けなどの加工品は評判もよく、お客さまにも喜ばれています。私は、加工品はひとつのビジネスモデルになる可能性を秘めていると感じています。それについては後ほど、詳しくご紹介したいと思います。

③レシピなどを同封し、顧客満足度を高める

第3章でご紹介しましたが、野菜セットの購入を続けてもらうために、レシピや、野菜

が育ったストーリーを記した便りなどを同封しています。お客さまは、自分がこれまで知らなかった調理法や、野菜がどのように育ったかというストーリーを知ったとき、野菜をよりおいしく感じてくれるはずです。このように常に消費者の立場に立って、顧客満足度を高める工夫を重ねることが、野菜セットのリピートにつながっていきます。

有機農家をはじめ農家は、どうしても作ることに一生懸命になりがちです。私の農場にも、「野菜セットをなかなか続けてもらえない」と相談に来る方がいますが、そう言いながら、実は続けてもらうことに真剣に取り組んでいないように思えるのです。私たち有機農家は生産者でありながら、野菜を販売している商店でもあります。これから有機農家として生き残っていくためには、販売面にも力を傾けることが必要です。

端境期を乗り切るために

私は就農1年目から、年間に約80品目の野菜を栽培し、野菜セットの販売を行ってきました。それぞれの品目の栽培面積は大きくなりましたが、同じように約80品目の野菜を栽培し、野菜セットを発送しています。そんな今でも、端境期には胃が痛くなるような思いをしています。就農1年目は、野菜セットの注文数は毎週10~15件ほどでした。しかし、現在では、約120セットを発送しています。7〜9品目の野菜を毎週120セット分、特に端境期に準備するのは並大抵のことではありません。

野菜セットの発送を休止する方法もありますが、その間の収入がなくなります。私は、できればそのような状況は作りたくありません。そのため、端境期をどう乗り切るか毎年頭を悩ませているのです。

1年中野菜を切らさず、端境期も乗り切るためには、綿密な作付け計画と収穫に時間差がつくような工夫が必要です。野菜の植え付けの時期をあえてずらしたり、より早く生長する〝早生〟の品種と、逆に遅く生長する〝晩生〟の品種を植え分けたり、同じ品種でも片方には、ビニールでトンネルを被せて生長を早めたりすることもあります。

また、これは端境期ではありませんが、春の収穫を終えた後、畑を耕さずに、別の品種を植え付けてそのまま栽培する手法なども取り入れて省力化を図っています。

少量多品目栽培では、このような綿密な計画と工夫をすべての畑で行い、1年間、野菜を切らさないように栽培しなければなりません。しかも、いつも同じ野菜にならないよう、バリエーションにも考慮する必要があります。農業は体を使う仕事だと思っている方も多いと思いますが、実は意外と頭を使う仕事でもあるのです。

「100円ショップ」と化した朝市

販売方法について話をもどしましょう。有機農家として独立したとき、売り先を確保することは、有機農業を続けていくための生命線です。私も就農1年目から、野菜セットの販売だけでなく、あらゆる可能性を試してみました。例えば、地元のJAが定期的に開催している、朝市に参加したこともあります。

この朝市は、JAの会員になれば誰もが参加でき、その代わりに売上の15%をJAにマージンとして支払うというものでした。この朝市での成果は散々でした。なぜなら、この朝市は「100円ショップ」と化していたからです。

この朝市では農家のみなさんは、どの野菜にも100円の値段をつけて販売していました。そのため私が、「レタスがとてもよくできたから……」と150円の値段をつけて持っていっても、ほとんど売れません。最後には、売り場のおばさんに「100円だったら売れるのにねぇー」といわれる始末です。また、キュウリがとれはじめた走りの時期には、どの農家も3本100円で販売しています。しかし、旬の時期になり収穫量が増えてくると、ある農家が4本100円で売り始め、また別の農家が5本100円で売り始め、結局、安売り合戦になってしまうのです。

この朝市では、値段は売り手が決められることになっているのですが、実際には100円のものしか売れない状況になっていました。無農薬・無化学肥料で栽培しているのに、普通に栽培している野菜と同じ値段では、やはり割に合いません。ということもあり、途中で参加するのをやめてしまいました。

地方だからというつもりはありませんが、やはり無農薬や無化学肥料栽培の価値については、都会の方が関心は高いと思います。朝市では、「あんたの野菜は、形が悪いねぇ！」などと、売り場のおばさんに言われて、悲しくなったこともありました……。「それなら、自分の野菜の価値を分かってくれる人に販売しよう！」と思ったのも、このときだったと思います。

就農当初はなんとか売り先を確保しようと、このようにJAの朝市にも出ましたし、地元の自然食品店やレストランを回って営業もしました。また、妻の実家が静岡市で商店をやっていたため、その軒先を借りて野菜を売らせてもらったり、地元のフリーマーケットなどのイベントに参加したりすることもありました。その際には、自分で作ったチラシを持っていって、お客さまに配りました。

売り先を確保するためには、最初は人が集まるところにどんどん野菜を持っていって、情報発信をすることしかないと思います。フリーマーケットなどのイベントは、探せば頻繁に開催されているものです。そういう場では、目先の売上に捉われず、まずは、「この町で自分が有機農業をやっているんだ」ということを発信していくことです。野菜を置いてくれるお店があったら、いっしょにビラなども置いてもらいましょう。アクションを続けていくうちに、きっといろいろな人の目にとまり、野菜セットなどの注文も増えてくるはずです。

東京のレストランへ営業に

野菜セットなど、個人への販売に力を入れる一方で、私はこれまでの経験を活かして、就農1年目から東京のレストランにも営業に出かけていました。

ここ20年で、日本のフレンチレストランのレベルは上がってきています。料理人のレベルも上がりましたし、比較的いい食材が入手しやすくなりました。昔なら、例えばフォアグラでも缶詰を使っているお店があったかもしれません。しかし今では、どこのレストランでもほぼ〝本物〟の食材を使っています。特に、東京では相対的にレベルが上がっています。例えば、池袋にいて４０００円くらいでフレンチが食べたいと思うと、同じレベルのお店が4軒くらいあったりします。ひと昔前は、渋谷まで行かなければなかったかもしれませんが、それだけ同レベルのお店が増えて、競争が激化しているのです。

レベルが拮抗して競争が激しくなってくると、どこのお店でも、他のお店と差別化を図ろうとします。私は、そこにチャンスがあると考えました。料理人のレベルが極端に変わらず、食材も似たりよったりであれば、レストランを経営する人ならきっと他のお店よりもいい食材、ストーリー性のある食材を求めるだろうと思ったのです。実際に営業に行くと、何軒かのレストランから契約をいただくことができ、就農1年目からレストランに野菜（特に西洋野菜）を卸すことができました。

レストランに営業に行くときには、基本的にアポイントをとってから行くようにしています。東京のレストランに営業に行く日には、朝5時に起きて必要な野菜を収穫し、朝食をとってから、サンプルの野菜を持って出かけていました。就農1年目は、移動手段はもちろん高速バスです。できるだけ経費を削減するために、1日にまとめて2～3軒のレストランを回るようにしていました。

レストランの方に話をするときに心がけていたのは、野菜を使う側の立場に立って提案することです。例えば、海外から高いお金を払って輸入している野菜があれば、「私の畑でもっと安く、もっと新鮮なものを提供できます」と提案したり、「この野菜は、この料理にいかがですか？」などと、具体的な料理方法までお話ししたりすることもあります。

逆にレストランの方から、野菜を使ってみたいというお話があれば、必ずそのレストランの料理を食べに行くようにしています。そこで、例えばスープに固形のコンソメを使っているようなお店であれば、お断りさせていただくこともあります。また、野菜がおいしいと評判のレストランを聞きつけたら、情報収集のために食べに行くこともありました。そうした市場調査をすることで、「今度、畑でこういう野菜を作ったら売れるのではないか？」など、そこで得た情報を生産に活かすことができるのです。

こうしたレストランへの営業面では、やはり私がレストランで働いていた経験が活きていると思います。しかし、就農前までの社会人の経験が活かせるのは、私に限ったことではありません。他業界から有機農家に転身した方や、これから転身する予定の方は、ぜひこれまでの経験を販売先の開拓に活かしてほしいと思います。

野菜セットがすべてではない

就農してから今まで、野菜セットのお客さんは右肩上がりに増えてきました。しかし、ここ数年は増加が止まり安定傾向にあります。私個人の経験だけで判断するのは早計かもしれません。とはいえ、このような状況を見ると、野菜セットは少量多品目栽培を行う有機農家にとって重要な販売方法ですが、それだけでどこまでも売上が伸ばせるものでもないと思えるのです。

ビオファームまつきはありがたいことに、マスコミの取材を受けてテレビや雑誌などで頻繁に紹介していただいていますが、それでもここ数年は、野菜セットの注文数は増えていません。例えば、大手の新聞にドーンと広告を出して、一時的に野菜セットの注文数を増やすことはできるでしょう。それでも、だんだんと減っていって、きっと従来と同じくらいの顧客数に落ち着いてしまうと思います。そこには、何か原因があるのです。例えば、「泥を洗うのが面倒だ」とか、「自分で野菜を選べないのがいやだ」とか、「セットの量が多い(少ない)」とか、いろいろな理由があって続かないのだと思いますが、個別のニーズにこまめに対応することは、実際問題なかなかできません。また、他に魅力的な商品があるという理由も考えられます。例えば、大手の食材宅配会社のほうが「ポイントが付いていい」とか、競合もたくさん存在します。

もちろん、顧客満足度を高めるために努力を続けていくことは必要ですが、一方で、努力を続けながらどこかで限界を見て、違う方向にもステップを踏み出すことも重要だと思うのです。

例えば３ha（ヘクタール）の畑を5人のスタッフでまわし、野菜セットを毎週１００セット発送しているとします。スタッフの人数も畑の面積も適正だとして、野菜セットの数を１００セットから１５０セット、２００セットに増やそうとしたとき、スタッフの人数や畑はどれだけ増やさなければならないのか。そのまま拡大すれば、２００セットにするには倍の6haと10人のスタッフが必要です。しかし作付品目を減らしその代わり、ジャガイモやニンジンといったひとつの作物の作付量を増やすとします。そのとき、スタッフは7人で足りるかもしれませんし、もしかしたらその方が売上が高いかもしれません。野菜セットの販売数が安定してきた今、このようなことも考えて戦略を立てていかなければなりません。

もちろん、それは少量多品目栽培をやめるということではありません。年間60～80品目の野菜を作っているというのは、それだけでひとつのアピールになります。少量多品目栽培を行い、野菜セットを販売しながら、プラスアルファの販売方法を考えていく必要があるということなのです。

このようなビオファームまつきの現状は一例に過ぎないかもしれませんが、これから新規就農をされる方にも、少量多品目栽培、野菜セットの販売という枠にとらわれずに、自由な発想で野菜を販売していく方法を考えていってほしいと思います。

野菜を売るより自分を売れ！

野菜の販売について、私のさまざまな取り組みを紹介しましたが、私は販売については方法よりも、理念が大切だと思っています。先ほども書いたように、競合する農家はたくさん存在します。無農薬で安全な野菜を食べたいというだけの人は、きっと価格が安くサービスも充実した大手の食材宅配会社を利用することでしょう。このような状況で自分の野菜を買ってもらうためには、野菜を売るのではなく、自分を売り込むことが重要です。自分の人生観や生き方、つまりは〝人となり〟を野菜というフィルターを通して理解してもらうことです。無農薬だから安心だとか、有機栽培だから栄養価が高いとか、そういうことからさらに加えて、「あなたが作った野菜だから食べたい！」というサポーターを増やしていかなければなりません。

先日、90人程の方を前に講演をさせていただきました。そこで、私は「中山間地における新たな有機農業のビジネスモデルを構築したい」、「そのビジネスモデルを作ることで若い人に夢を与え、農業に参入する人を増やしたい」というお話をさせていただきました。すると講演会の後に、ある方が「あなたの考えに非常に共感しました。どうすれば、あなたの活動を応援することができますか？」と言ってくださったのです。

「では、ホワイトバンドを買ってください」とは言いませんが（笑）、このように社会に役立つ活動を応援したいという人は、最近、増えているのです。

応援者を増やすためには、どうすればいいのか？　自分がどのような思いで有機農業をしているのかを、発信していくことです。イベントなどに参加して発信していく方法の他に、最近では、ホームページやブログなどを使って情報発信をすることが必須でしょう。

私は就農した当初から、自分で作ったホームページを公開していました。当時は、まだ有機農家のほとんどはホームページを持っていませんでした。芝川町の自宅のネット環境は、ＩＳＤＮの時代です。私はパソコンを扱うのは得意ではありませんでしたが、ホームページ作成ソフトを使って、何とかホームページを作って公開していました。

そのときに伝えたかったのは、野菜の購入方法ではありません。いちばんに伝えたかったのは、「私はどのような経歴で、どんな思いでこの町に移り住み、有機農業をやっているか」ということです。つまり、私のホームページはショッピングサイトではなく、自己紹介のためのサイトでした。そのホームページを見て、私の〝人となり〟に興味を抱いてくれた方が、私の野菜を食べてみたいと感じてもらえたら、それがいちばん良いのではと思っていたのです。

レストランは無料の広告塔

ホームページを使って情報発信をすることに加えて、レストランに野菜を卸すことも情報発信に一役買ってくれました。私の野菜を使ってくれたレストランでは、メニューに、「ビオファームまつきの有機野菜で作った一皿」などの名前をつけて、お店で出してくれています。また、メニューに名前が入らないまでも、料理を出すときに「この野菜は、静岡県の富士山の麓にあるビオファームまつきという農場で、松木一浩さんという有機農家が無農薬無化学肥料で育てた野菜です」と、紹介してくれるレストランもあります。

レストランに野菜を卸すようになっていちばん良かったのは、それ自体が農場の宣伝になることです。「どこどこのレストランで食べて、とてもおいしかったから」と、その後、野菜セットを注文してくれるお客さまも増えました。レストラン経由で取材の申し込みが来たこともあります。

ただ、残念ながら、レストランの取引先を増やせないという事情もあります。レストランに野菜を卸す場合には、一般の野菜セットのお客さまよりも、一度に多くの野菜を発送しなければなりません。例えば、「来週からトマトを50kgずつ送ってほしい」という注文を受けると、野菜セットのお客さまに発送するトマトがなくなってしまうのです。そのため、レストランの取引先にも、その時期にとれる旬の野菜を詰め合わせにした、セットという形でお送りする方法をとっています。一般の野菜セットのお客さま数とのバランスを考えた場合、レストランに卸す野菜は全体の２割ほど。その割合は、就農１年目からほぼ変わっていません。

3年目のエポック

私は就農1年目から、ホームページを自分で作っていたと先ほど書きましたが、実はこのホームページは、想像すらしていなかったうれしい出会いをもたらしてくれました。就農してから3年目をむかえた春頃。私のホームページを見たテレビ局の方から、取材依頼の電話をいただいたのです。その番組は、テレビ朝日系のドキュメンタリー番組『人生の楽園』でした。三ツ星レストランの総給仕長から、有機農家に転身した私の経歴に興味を持ち、連絡をしてくれたのです。

その番組が放送されたのは、２００３年4月のある土曜日でした。私は、以前ラジオに出演したときにはほとんど反応がなかったので、今回もそれほど反応はないだろうと、高をくっていたのですが、番組が終わるか終わらないかと同時に、家の電話が鳴り止まなくなったのです。次の日も畑で作業をして帰ってくると、感熱紙がまるで巻物がほどけたように全部出きってしまうほど、大量のFAXが届いていました。パソコンのメールを開くと、ずっと受信の状態が続くくらい、たくさんのメールもいただきました。

野菜セットの注文も全国からいただいたのですが、ちょうど〝魔の端境期〟だったので、すぐに野菜セットをお送りすることができませんでした。とはいえ、この人生の楽園の放送をきっかけに、個人宅配のお客さまが増えていきました。こうした縁をもらえたのも、ホームページで情報発信をしていたからです。当時から今のブログのような日記を更新していたのですが、毎日、続けていてよかったと心から思いました。

人生の楽園の放送からちょうど1年後に、『「ビオファームまつき」の野菜レシピ図鑑』(学研)という書籍を出版したことも、その後の転機となりました。この書籍の話をいただいたのも、情報発信をしていたからでした。こちらはホームページではなく、レストランでの情報発信でした。

当時、私の野菜を使ってくれていたあるレストランのシェフが、私の野菜を使った料理で、「自分のレストランをメディアにアピールしたい」という話を持ちかけてくれました。そこで、私もそのレストランに出かけていって、雑誌の編集者やライターの方を15人ほど招待して、小さなイベントを開いたのです。

その後、そのイベントの出会いがきっかけで、ある女性誌から取材を受けました。女性誌の企画は、畑でとれたばかりの野菜を使って、即興で料理を作るというものでした。撮影が終わった後、作った料理を取材陣のみなさんに食べてもらいました。そのときに取材に来てくれていたフードライターの方が、私の作った料理が「すごくおいしかった！」と気に入ってくれて、「松木さん、他にもこういったレシピはありますか？」と、その後、連絡をくれたのです。「私が普段、食べている料理でよかったらありますよ」とお答えすると、「ぜひ、一冊の本にしましょう！」ということで、『野菜レシピ図鑑』の出版が決まりました。

この本の出版は、「静岡県の芝川町というところに、レストランの総給仕長から有機農家に転身した人がいる」ということを、いろいろな方に知ってもらうきっかけになりました。例えば、静岡朝日テレビから番組の料理コーナーの話をいただいたのは、この本がきっかけですし、静岡新聞の土曜夕刊で5年7カ月の間連載させていただいた、『芝川畑作だより』というコラムの話をいただいたのも、この本がきっかけでした。

1日も欠かさない「農人日記」

有機農業をはじめ、農業をやりたいという人の中には、「人とあまり関わらず、のんびりと暮らしたい」と思っている方もいることでしょう。もちろん、そういう生き方もありますし、それはそれでいいと思います。しかし、人と関わらないということと、売上の伸ばすということは、かなり反比例することです。ある程度、売上を上げて暮らしていくためには、やはり人と積極的に関わることが大切です。

田舎暮らしを指向する人の中には、パソコンやインターネットの利用などを、頭から否定する人がよくいます。こうした電子機器は、やはり都会での暮らしを思い出させるからでしょう。私も、就農当時はずっと携帯電話を持つことがイヤでしたので、その気持ちはよく分かります。私が携帯電話に拒否反応があったのは、東京で暮らしていた頃、仕事を終えて終電で帰るとき、電車の中で平気で電話をしている酔っ払いをよく見たからです。「あんな奴らと同じにはなりたくない！」と思い、5年ほど前まで携帯電話を持っていませんでした。

余談ですが、そんな私が携帯電話を持つようになったのは、ある事件がきっかけでした。

それは、ある夕方のこと。私は、集落から離れた山の中にある畑に、トラクターに乗って作業に出かけていました。日も暮れかけてきたので帰ろうとすると、トラクターが全く動かなくなってしまったのです。山の中ですから、偶然、誰かが通ることもありませんし、日がどんどん暮れて暗くなっていきます。そんなとき、私は妻の携帯電話を借りていたのを思い出しました。それを使い、お世話になっている機械屋さんに電話をして助けに来てもらい、なんとか無事に帰ることができました。そのときに、田舎では携帯電話は命綱のようなものだと思ったのです。

不思議なもので、それからまだ5年ほどしか携帯電話を使っていませんが、今ではもう、携帯を家に忘れただけでとても不安になります。「大事な電話が入っていたらどうしよう？ヤバイなぁ……」と、そわそわしてしまうのです。私と同じように携帯がずっとポケットに入っていないと、不安だという人も多いことでしょう。携帯電話の普及で確かに便利になりましたが、それが人間の幸せにつながっているかといえば、「?・」だと思います。

話が脱線してしまいました。とはいえ、今の時代に地方で農業をする場合、パソコンやインターネットを利用しないのは、現実的ではないと思います。利用できるものはすべて利用して、販売するとともに自分の思いを発信していくことが大切です。テレビに出演したり、書籍を刊行するというのは、誰しもがすぐにできることではありません。しかし、それなりの情報発信は、環境が整っていれば誰にでもできます。私も、最初から取材があったのではなく、ホームページを立ち上げ、ブログで日記を書いていました。それに反応してくれる方がいて、テレビの取材や書籍を出す話につながっていったのです。

自分がどんな思いで野菜を作っているのか、自然の中で有機農業をやっているのか、思いは発信しなければ伝わりません。それも、発信を続けることが大切です。私はよくいろいろな方から、「松木さんは、やりたいと思っていたことをちゃんと形にしていますね」と言われることがあります。確かにそうかもしれませんが、形になってきたのは、ずっと思い続けてきたからです。寝ても覚めても、ひとつのことをやりたいと思っていると、うれしい偶然は、ふいに訪れてくれるものです。

ブログは、２００２年の12月から毎日、書き続けてきました。忙しくて書けない日もありますが、それでも時間があるときに手帳などを見ながら、さかのぼって書くようにしています。今では、「少しでも読んでくれている人がいるから、書かなくては」と使命感を感じて書いています。こうして発信し続けていくことで見てくれる人も増えていきますし、そこから反応も生まれてくると思うのです。

インターネットが普及してからは、何か新しい情報を知ったとき、すぐに検索してみるというパターンが一般的になりました。例えば、「芝川町にビオスというレストランがオープンしたんだって。なかなかいいらしいよ」と友人から聞いたとしたら、多くの人がその後、ネットで「ビオス」と検索することでしょう。それでホームページを見つけて、詳しい場所や営業時間などを調べて、今度行ってみようとなることもあるのです。また、「どこかこのあたりで、おいしいレストランがないかな」と調べるときも、当然、ネットで検索するでしょう。

有機農家になるということは独立開業することと同じだと、何度も何度も書かせていただきました。つまりは、個人商店を開くことと同じです。そのときに、自分１人でイベントなどに参加して、発信できる情報量は限られています。だからこそ、いろいろな人に見てもらえる可能性があるホームページやブログでも、情報発信をすることが大切だと思います。

日進月歩のネットの世界

就農当初に作ったホームページは野菜を売ることではなく、自分の経歴やどのような思いで有機農業をやっているのかを伝えることがメインでしたが、細々と野菜セットも販売していました。当時は注文フォームなどはなく、「野菜セットを希望の方はこちら」という文字をクリックするとメーラーが立ち上がり、メールに要望を書いて送ってもらうというものでした。その後、ネットショッピングが普及してくるにつれて、メールを何度もやり取りして野菜セットを購入するというのは、お客さまにとってとても面倒なことだろうと思うようになりました。私自身もメールをわざわざ書いてまで、野菜をネットで購入しないと思ったのです。私は、ネットショッピングは自動販売機のようなものだと思っています。店員と顔を合わせたり、電話したりするわずらわしさがなく、ボタンひとつで買い物ができたり、ホテルの予約ができたりするのがネットショッピングの魅力です。

そこでビオファームまつきのホームページも、販売の方法をより便利な仕組みに変えていきました。例えば、買い物カゴがあって注文フォームから注文できるようにしたり、クレジットカードでの決済やコンビニ決済ができるようにしたり、折を見ては改良してきました。

ネットは日進月歩の世界です。インターネットで今どのようなことができて、どんな風に進化しているのか、常に情報収集していることは大切だと思います。

例えば、岩手県のある水産関係者は漁船にライブカメラをつけて、漁の様子をネットで生中継し、そこで水揚げされた魚をネットで販売しています。漁の臨場感を生中継で味わったユーザーは、きっと購買意欲をそそられることでしょう。こうした取り組みがあるという情報を知っていれば、例えばジャガイモの収穫の様子をライブでなくとも動画で配信すれば、もっと購入者が増えるかもしれないという発想が生まれてきます。

インターネットがこれだけ発達して便利になってきているのに、好きな野菜を選ぶことができないという野菜セットの仕組みは、考えてみればとても不便なものです。今の時代、ただ単にネットで買えるというだけでは、売上は伸びていかないでしょう。これからは、どうやってユーザーに情報を伝え付加価値をつけて販売していくのかを、さらに戦略的に考えていく必要があると思っています。

マスコミへの姿勢は「タイユヴァン・ロブション」方式で

幸運なことに、ホームページやブログなどで情報発信を続けるうちに、取材の申し込みをいただく機会も増えました。日程が合わない場合を除いて、大抵の取材を受けるようにしています。テレビや新聞、雑誌などの取材は、基本的にこちらからお金を払うものではありません。自分たちがどんな活動をしているのか、どんなことを目指しているのかを、タダで宣伝してもらうことができるのです。また、その記事や映像を見た人が「この人の野菜を食べてみたい！」と思ってもらえたら、これほどありがたいことはありません。有機農家の中には、取材を毛嫌いする人がいますが、私は仕事の一環として受けるべきだと思います。

取材では、その取材者の意図に合わせて事前に撮影のための準備をしたり、当日も取材のクルーに付き添うので、手間も時間もかかります。私はそれを面倒だと思わず、前向きに対応するようにしています。また、その取材の中で、私が伝えたい情報もできる限り発信できるように、お話をするようにしています。

私が有機農家になる前に働いていた「タイユヴァン・ロブション」では、広告宣伝には一切、お金を使っていませんでした。その代わりに、メディアの人が取材に来た場合の料理代は、一切いただきませんでした。それほどタイユヴァン・ロブションでは、メディアの取材を大切にしていたのです。

就農したばかりの頃は、ホームページやブログなどでできる限り情報発信をすることが大切ですが、その後、取材の申し込みなどがあれば、ぜひ積極的に受けるようにしたいものです。

家族経営の壁

情報発信を続けていくうちに、だんだんと販売先が増えてきたら、併せてやるべきことがあります。それは、畑を増やすことです。インターネット上のバーチャルなビジネスでは、顧客が一気に増えて、売上がすぐに何倍にも増えることがありますが、農業では土の上に種をまいて、数ヵ月かけて野菜を育てなければなりません。1年に1度しか収穫できない野菜も多く、販売する商品を一気に増やすことはできないのです。

私が就農1年目に借りた畑は、約40a（約1200坪）でした。それを2年目、3年目と、徐々に増やしていきました。畑を増やそうと思ったのは、もう少し栽培したら売れそうだという感触があったからです。例えば、「週に1度、温泉につかっていた時間を削れば、あと300坪は広げられそうだな」などと労働時間の配分をにらみながら、畑を増やしていきました。畑は耕作放棄地になっていたところにお願いしたり、地主の方から「使ってほしい」という話をもらったりして、借りることができました。

しかし、自分の休憩時間などを削って畑を増やしていっても、1人で耕せる面積には限界があります。経験上、少量多品目栽培の有機農業の場合、1人で耕作できる面積は、1

ha（100a＝約3000坪）が限界だと思います。ここに、ひとつの大きな壁があります。

よく農場に見学に来られた有機農家の方から、「自分1人では、野菜を育てて出荷するだけで精一杯。もっと販促とかマーケティングとかもやりたいけど、なかなかできないんです」という悩みを聞くことがあります。私も、限界まで手を広げたときは、畑の仕事で手一杯で営業などに行く時間はほとんどありませんでした。この状況を乗り越えるためには、私はスタッフを入れるしかないと考えました。

「人を雇って、ちゃんと給料を払っていけるのか……」という不安は、もちろんありました。しかし、どんなビジネスでもある程度のリスクを覚悟して先行投資をしなければ、それ以上、規模を拡大していくことはできません。1人で耕すことができる規模で、とどまるという選択肢もあります。JAなどに出荷せずに、消費者に野菜を直販しているスタイルなら、100aあれば家族が食べていくくらいの売上は、十分稼ぐことができるでしょう。けれども私は、人を増やし規模を広げていく方向を選んだのです。

その理由は、私の野菜を食べて、喜んでくれる人が増えてきたからです。就農当初、私は自給自足的な暮らしに憧れて有機農家になりましたが、段々と野菜が売れるようになり喜んでくれる人が増えてくるにつれて、生業としての有機農業の面白さにひかれていきました。「もっと多くの人に、安全でおいしい野菜を届けたい」、「有機農業の可能性をこれからの若い人に感じてもらうために、生業としてのビジネスモデルを作りたい」と、ビジネスとしての有機農業が面白くなってきたのです。

私が、初めてスタッフを１人採用したのは２００５年頃です。実際に人を入れてみると、スタッフが農作業をしてくれている間に、私は、販促やマーケティングなど、栽培以外のことに時間を使えるようになりました。このことがきっかけとなって、自分で育てた野菜で作った惣菜を販売するデリカテッセンをオープンする、プロジェクトが動き出したのです。

研修生第1号は30代の女性

最初にスタッフとして入ってもらったのは、30代の女性でした。１年間という約束で給料も支払いながら、研修生としていっしょに働いてもらいました。

彼女が入ったのは２００５年のことですが、当時は研修生を募集していたわけではありませんでした。彼女はある農学系の大学院を卒業した後、静岡県内の農業生産法人で働いていました。その法人は、コンピューター制御で人工的に管理したハウスの中で、フルーツトマトを栽培しており、肥料の溶液を与えるのもボタン制御でした。彼女はその状況に、「これは自分が思い描いていた農業と違うのでは？」と疑問を感じていたそうです。

そこで彼女は、やはり有機農業がやりたいと、私の農場に何度か相談に来ていました。「それならうちの農場でやってみる？」ということで、研修生として受け入れることになったのです。当時、積極的に研修生の募集はしていませんでしたが、これからの展開を考えたときに、やはり1人でやっていくのは限界があると感じていた頃でした。ちょうどそんなときに、タイミングよく彼女が来てくれたのです。

彼女は1年間の研修を終えた後、富士市で独立して今でも有機農業を続けています。2010年で独立して5年目。女性1人で、畑をしっかり切り盛りしています。そんな彼女を見て、有機農業は男女関係なく続けることができる仕事だと実感しています。彼女を見ていて思うのは、やはり「有機農業で生きていくんだ！」という強い熱意と情熱が大切だということ。彼女は独立するときに、私が手伝ってあげなくても自分でしっかりと農地を見つけていました。その様子をみて、きっと彼女なら大丈夫だろうと感じていたのです。

彼女が独立した後、「さてこれからどうしようかな……」と思っていたときに、今度は4人の男性が研修を受けたいと農場に来てくれました。1人は、1年間研修を受けた後、海外に行って向こうで農業を指導したいという夢を持った青年でした。もう１人は、大学の農学部を卒業したばかりの青年で、有機農業を勉強したいということで来てくれました。もう１人は、地元のネギ農家の跡継ぎで、彼も有機農業が勉強したいということでした。4人目の青年は1カ月半で辞めてしまったため、結局は、２００６年は3人の研修生を一気に受け入れました。

彼らを受け入れるときに、急遽、アパートを借りることにしました。そして、「住居と食事を支給し、月に2万円の給料を支払う」という、研修生の受け入れ条件をこのときに決めました。また、「研修期間は基本1年間で、1年の研修が終わった後は、社員として残るか、独立するか、他の研修先に行くかを決める」という条件も、このときから採用しました。現在でも、研修生はこの条件で受け入れています。

第6章 デリカテッセン（惣菜店）のオープン

人を雇って家族経営の壁を越える

マスコミに発表して、退路を断つ

２００５年に1人の研修生が入り、さらに２００６年には1度に3人の研修生が入ったことで、私は野菜の栽培以外のことに、これまでよりも力を注げるようになりました。思い返してみると、このときにひとつ壁を越えて、次のステージに進むことができたのだと思います。次のステージとは、「ビジネスとしての有機農業に真正面から挑戦する」ということです。「さぁ、これから畑も増やして、新たなことに挑戦するぞ！」と燃えていたのを覚えています。

先日、そんな当時のことが懐かしくなり、２００５年の秋に自然の中での手づくりの暮らしを提案するライフスタイルマガジン『自休自足』に書いた文章を読み返してみました。

「月日が経つのは早いものでこの地に移住し、有機農業を生活の糧として生きるようになって6年目の秋を迎えようとしている。就農当時は4反歩（１２００坪）から始めた畑も、年とともに増え続け、今では2町歩（６０００坪）まで借り足した。自分でも信じられないが、今ではちゃんと給料も払って人もひとり雇っている。（中略）

近い将来の夢というか半現実的計画として、近くに加工所を兼ねた地産地消型の〝デリ〟の店を開きたいと思っている。具体的には何も決まっていないが、こちらからの情報発信基地として、また情報収集のアンテナとして地域に密着した活動の場にしたい。（以下省略）」

この雑誌が出版された2005年は、「ビオデリ（Bio-Deli）」をオープンする2年前です。このときすでに、デリカテッセン（惣菜店）を開きたいと書いていたことに驚きました。この文章に書いてあるとおり、当時は本当に、まだ具体的には何も決まっていなかったのです。しかし、スタッフが増えていたこともあり、新たな野菜の販売方法を開拓しなければなりませんでした。そこでデリカテッセンの夢をあえて雑誌で発表することで、自分にプレッシャーをかけ、必ず実現させようと自分を奮い立たせていたのだと思います。

私が実際に、静岡県の富士宮市にビオデリをオープンしたのは、2007年7月のことです。実はその4年前の2003年頃から、いずれは、自分が育てた野菜で作った料理を販売するお店を持ちたいと思っていました。レストラン時代の経験から、野菜作りから料理までを一貫して手がけてみたいと思っていたのです。

第3章の野菜セットにレシピを同封していた理由のところでも書かせていただいたと

おり、〝食〟に関しては、意外とみなさん保守的です。例えば、「カブは漬物で食べるもの。それ以外の食べ方はしたことがない」という人が、意外と多いのです。

私は「カブであれば、葉の部分までサラダにして食べたらおいしい」など、いろいろな食べ方を経験しています。経験とエスプリ（センス）を活かして、野菜のおいしい食べ方を多くの人に紹介したい――。情報発信の新しい表現の形が、デリカテッセンというお店のオープンでした。

4年越しの夢

2004年から、『「ビオファームまつき」の野菜レシピ図鑑』がきっかけとなって、静岡朝日テレビの番組の「ごちそうクッキング」という料理コーナーを担当しました。

テレビに出演するようになると、視聴者の方から「松木さんの料理は、どこのお店で食べられるのですか？」という質問をよくいただくようになったのです。そのたびに私は、「いやー、実は私は農家なのでお店はやっていないんです」とお答えしていましたが、実は、同じような質問を『野菜レシピ図鑑』を見た方からもいただいていました。このような反応があったことで、私はもし自分のお店を開いたらある程度はやっていけるのではないかと、手ごたえを感じていたのです。

私はやりたいと思ったら、すぐに口に出してみんなに話すクセがあります。それは自分にプレッシャーをかけるという意味もありますが、ずっとやりたいという熱意を持ち、いろいろな方に話をしていると、不思議とそれを助けてくれる人が現れるからです。

実はデリカテッセンについても、まだデリカテッセンの実現の影も形もないような頃から、いろいろな人に話をしていました。

デリカテッセンがオープンする3、4年前に、ある女性2人が農場に見学に来てくれたことがありました。2人は知り合いというわけではなく、1人は東京から、もう1人は大阪から、別々の日に見学に来てくれました。話をしていると、1人は料理人をしていて、もう1人はデリカテッセンのチェーン店で働いていました。そこで私は、「実は将来、デリカテッセンのようなお店をやりたいと思っているんだけど、もし実現したらいっしょにやってみない？」と話すと、2人とも「やってみたい！」と言ってくれました。2人とも有機農業に興味があり、野菜作りと料理を結びつけたお店をやりたいと思っていたのです。

しかし、当時は夢物語を話しているような状態でしたので、本気で「やってみたい」と答えてくれたかは分かりませんでした。そして本当にデリカテッセンをオープンすることになったとき、私は「覚えてくれているかな……」と思いながら、もう1度2人に「いっしょにやってみませんか？」とメールをしました。すると、2人とも「ぜひ、やってみたい！」という返事をくれて、東京と大阪から仕事を辞めて静岡まで来てくれたのです。

この2人との出会いがなかったら、ビオデリはきっとオープンできなかったでしょう。影も形もない頃から、デリカテッセンをやりたいと言っていて本当によかった、偶然のめぐり合わせにとても感謝しています。

身の丈に合ったステップ

デリカテッセン（惣菜店）を開くことには、情報発信のほかにもうひとつ大きな目的がありました。野菜の有効活用です。無農薬で野菜を育てる有機栽培では、どうしても形が悪い野菜や形が小さいもの、大きすぎるものなどができてしまいます。野菜セットのお客さまには、「有機栽培のため、形がきれいには揃わない」ということは、事前にご了承をいただいています。それでも、例えば割れてしまったりして、どうしてもお客さまにはお送りできない野菜が出てしまうのです。

これまでは、そういった野菜は自家用にしていました。たぶん、他の有機農家でも自宅

2007年にオープンさせたデリカテッセン「ビオデリ（Bio-Deli）」

で食べるか、食べきれない場合はやむなく捨てていると思います。しかし、形が悪い野菜でも、味は他のものと遜色がありません。そういった野菜をデリカテッセンで料理に利用すれば、野菜を無駄にすることなく有効活用できると考えたのです。

そのほかにも、実際にお客さまに食べてもらって、おいしいと評判だった野菜は栽培量を増やすなど、お客さまの反応を生産にフィードバックすることができます。これまでは野菜セットを直接発送しているといっても、直にお客様の顔を見ることはほとんどありませんので、反応を知ることはできませんでした。その点、デリカテッセンでは、お客さまと直接触れ合うことができます。そこから得られる情報には、生産に活かせるヒントがたくさんあると思ったのです。

では、なぜ元々本職であったレストランではなくデリカテッセンを選んだかと言えば、デリカテッセンはレストランよりも小規模でオープンできるからです。レストランを開く場合は、ある程度の広さの店舗と人手が必要です。一方、デリカテッセンであれば狭い店舗でも営業できます。人手も数人いれば十分です。イートインもできるようにしたいと思っていましたが、デリカテッセンは料理をあらかじめ仕込んでおくスタイルのため、少人数でも対応可能で、ある程度の売上が出せる可能性があります。そして何よりも、小さな規模で運営できるため、資金が少なくて済むという利点がありました。

有機農業の良さはステップバイステップで規模を拡大していけるところ。〝身の丈にあった〟農業という考えからデリカテッセンを選んだのです。

もし、レストランをオープンしようと思ったら、かなりの額の借金をしなければならないでしょう。デリカテッセンの場合は、約９００万円の資金でオープンすることができました。内装費や什器設備代、備品、運転資金、建物を借りるための費用を合わせても、１０００万円以下です。私が富士宮市で借りた店舗は12坪でしたが、もし、東京で同じような規模のお店を開こうとしたら、敷金だけで５００〜６００万円はかかるでしょう。富士宮市の店舗の場合は、アパートの一室くらいの敷金で借りることができました。このことだけでも、地方でお店を開くメリットは大きいと思います。東京に比べて、お店を開きやすい環境にあるのです。

話が少しそれました。約９００万円の初期費用うち７００万円は借金をしましたが、これくらいの金額であれば、従来の野菜の売上やデリカテッセンをオープンした後の売上で、十分に返済していける計算でした。やはりある程度実績を積んで、実現できると思ったからこそ投資をしたのです。何か新しいことに挑戦する場合、売上の規模や実績に合わせて、無理のない範囲で行うことが大切です。これは有機農業に限らず、どの事業に対してもいえることだと思います。

店作り、メニュー作りで工夫したこと

ビオデリは、無農薬・無化学肥料で育てた野菜で作ったお惣菜を提供するお店ですから、内装・外装はナチュラルな雰囲気にこだわりました。自分のお店のイメージを施工業者に伝えて、それを反映してもらいました。テイクアウト用の器は、プラスチックやビニールなどの石油製品は極力避けました。食品由来のものや、自然素材のものなど、再生可能で環境に負荷の少ないものを選んで使っています。

ビオデリの入り口の扉に、「Produits terroir」（フランス語で「地域の産物を使った料理」の意味）と書いてあるとおり、野菜以外の食材も、できるだけ地元産のものにこだわりました。例えば、地元で自然の飼料を使って育てられている豚肉「萬幻豚（まんげんとん）」をはじめ、魚や卵、小麦に至るまで、地元の信頼できる生産者から仕入れたものを、ビオデリでは使用しています。

料理のレシピについては、２００４年に出版した『野菜レシピ図鑑』のレシピをベースにしました。なぜなら、ビオデリは『野菜レシピ図鑑』を見てくださった読者の方からの声に背中をおされてオープンしたお店だったからです。

日常的に利用してもらうもの。だから街中に

デリカテッセン(惣菜店)を始めようとしたとき、どのような場所にお店を開くのかについてもいろいろと考えました。イートインもできるようにしたいとは思っていましたが、デリカテッセンは基本的には惣菜屋さんです。惣菜を用意しておいて多くの人に買って帰ってもらえれば、売上が伸びます。それがデリカテッセンの強みです。例えば、主婦などに買い物の帰りに立ち寄ってもらうことを考えたとき、やはりある程度、街中にあったほうがいいと考えました。

物件を探すときに条件として考えたのは、駐車場があることです。田舎では移動は車が基本です。駅前なども考えましたが、やはり車がある程度とめられる駐車場は必要だと思いました。また、車での入りやすさも考慮しました。国道沿いでは交通量は多いですが、そのために駐車場などへの出入りがしにくい場合があります。

このようなことも考えて2つの物件に絞込み、最終的には、富士宮市の現在の物件に決めました。決め手となったのは、集合店舗だったことです。ビオデリの他に9店舗があり、他のお店に来た方がついでにビオデリに寄ってくれることも期待できました。

富士宮市の街中にビオデリをオープンしたのは２００７年7月。農場から車で15分くらいの距離でした。それからは、朝は畑で農場のスタッフといっしょにミーティングや作業をして、ビオデリがオープンする11時前には移動して15時ころまで料理や接客をして、15時以降、ふたたび畑に戻って作業するという毎日を過ごしていました。

嬉しさが倍増したお客さんの喜ぶ顔

ビオデリをオープンしてみて、予想と異なることもありました。例えば、オープン前は夕方頃に惣菜を買って帰ってくれる人が多いと予想していたのですが、実際にはランチタイムに来てくれるお客さま（特に主婦の方）が多数いらっしゃいました。「おしゃれな雰囲気で、富士宮にはあまりないお店ですよね」と言って下さることもよくありました。確かに、富士宮市にも飲食店はけっこうありますが、ファミレスやラーメン屋など、チェーン店が多く、ビオデリのようなコンセプトの惣菜店はあまりないかもしれません。競合店が少なかったため、ランチタイムにイートインを利用されるお客さまが多く、その帰りに惣菜を買ってくれるパターンが増えたのだと思います。一方で、富士宮では夕食は自宅で食べることが一般的で、19時以降惣菜を買って帰るお客さまは少ないということも分かりました。

オープンしてよかったのは、やはり情報の発信と収集ができることです。発信の面では、ビオデリに野菜を購入できるコーナーを作ったり、出版した本を置いて見てもらったり、ビオファームまつきの取り組みを広報できるようになりました。東京や埼玉などの遠方から来られるお客さまも意外と多く、そういった方に向けて情報発信ができるのも、ビオデリをオープンしてよかった点だと思います。

情報収集の面では、例えば、ジャガイモで作った料理がすごく評判がよければ、畑でもっと生産量を増やしたり、もっと長く収穫できる品種に変えたりと、お客さまの生の反応を生産の現場にフィードバックすることもできました。

そして何よりもうれしい瞬間は、月並みですが私が提案した料理を、お客さまが「おいしい！」といって食べていただけたときです。有機農業の世界に入る前にもレストランで働いていましたが、そのときよりも格段に大きい喜びです。その理由は、やはり野菜を育てるところから料理するところまで、すべてを自分で手がけているからでしょう。

ただしオープン後、問題に感じたのはキッチンが狭いところです。シンクがひとつしかないため作業効率が悪く、畑から持ってきた野菜を洗うのも大変でした。こういった問題点から、ビオデリを続けるうちに段々と、ビオデリとは別に加工所を作りたいと思うようになりました。この思いが膨らんで、「レストラン ビオス」のオープンにつながっていきました。自分の畑でとれた野菜で1年間メニューを回すことができたことも、レストランをオープンする際に自信となりました。このデリカテッセンでの経験が、次のステップのレストランへとつながっていたのです。

有機農業にプラスアルファの取り組みを

「私がやりたいのは有機農業であって、デリカテッセンなどのお店を開くつもりはない」と思われる方もいるかもしれません。そんな方も、もうしばらくお付き合いいただけたらと思います。なぜなら、有機農家が地方でお店などを開くということは情報発信がより具体的になるということです。そして経済的にもメリットがあります。そのメリットを以下に、書き出してみましょう。

①原材料となる食材を自分で栽培している（原価率が抑えられる）。
②東京などの都会に比べて、家賃が安い。
③同じく、人件費が安い。

④同じく、競争が少ない。
⑤野菜セットなどの販売を増やすことができる。

ひとつ目の原材料となる食材を自分で作っているというメリットは、非常に大きいと思います。原材料費を抑えることができ、しかも地方でお店を開く場合は、家賃や人件費も都会に比べて抑えることができますから、黒字と赤字の境界線である損益分岐点も低くなります。ビオデリも損益分岐点が低いため、ある程度の売上でも赤字になることなく続けられています。売上が倍増することはなかなかありませんが、ある程度の利益を出すことは難しいことではないでしょう。

もちろんオープンするお店は、デリカテッセンである必要はありません。自宅の一部を改装して、カフェをオープンしてもいいでしょう。また有機野菜を栽培している利点を活かして、自然食品店を開いてもいいと思います。お店という形にこだわらず、料理教室などを開いてもいいかもしれません。私が知っている有機農家では、奥さんがマクロビオティックに特化した料理教室を自宅で開いている人もいます。自宅で開くことができない場合は、地域の公民館などを借りる手もあります。こうした取り組みが野菜セットなどの顧客を増やすことにもつながります。

有機農家を含めて農家は、野菜を育てることに一生懸命になりがちです。栽培はもちろん大切ですが、作った野菜をいかに販売するかも、それと同じくらい大切です。私は常に、「作った野菜にいかに付加価値をつけて販売するか」を考えています。例えば、デリカテッセンやカフェなどのお店で、畑の野菜で作った料理を食べた人がおいしいと感じてくれたとき、野菜セットを注文してくれるかもしれません。また、料理教室に参加してくれた人が、それをきっかけに自分たちの農業への取り組みに興味を持ってくれて、野菜を購入してくれることもあるでしょう。

有機農家は農業だけでなく、そこにプラスアルファの取り組みを加えて行くことで情報発信力を増していくことができます。それが自分たちの農業への取り組みを知ってもらうことにつながり、新しいお客さまを開拓することにもつながるのです。

これまでにも書いたように、「種をまくところから、お客さまの口に入るところまでを、どうプロデュースするか？」が有機農業の醍醐味です。デリカテッセンは私のその考えを形にしたものと言ってもよいでしょう。これからの有機農家は、育てた野菜にいかに付加価値をつけてお客さまに届けるかを、もっと考えていかなければならないと思います。

摘みたての菜の花にアンチョビ・マヨネーズを添えて……

これは農業ではなく店舗経営の話になってしまいますが、地方でデリカテッセンやカフェなどのお店を開く場合、東京などの都会に比べて家賃や人件費が安い、競争が少ないなど多くのメリットがあります。お店を出しやすい環境は整っていますが、果たして「本当にお客さまが来てくれるのか？」という不安もあることでしょう。私は地方であっても、そこでしか出せない価値観を提供すれば、お客さまは遠くからでも来てくれると思っています。

例えばビオデリやビオスの場合、「ここでしか出せない料理とは何か？」ということを常に考えています。東京のレストランと同じような料理をビオデリやビオスで出しても、お客さまはわざわざ静岡までは来てくれません。わざわざビオデリまで来て、フォアグラやキャビアを食べたいわけではないのです。

ビオデリやビオスでは、東京のレストランとは違った見せ方・出し方をする必要があります。例えば、今朝、畑で摘んできたばかりの菜の花をさっと茹でて、アンチョビ・マヨネーズのようなソースを添えて出すなど、今の畑の様子が目に浮かぶような一皿を、できるだけシンプルにストレートに表現して見せる。それは今ここでしか出せない料理です。

また、野菜以外の食材も、地元産のものにこだわって使うようにしています。例えば、地元で自然の飼料を使って育てた萬幻豚（まんげんとん）や、富士山の伏流水で養殖されたイワナなど。ここでしか食べられないものを提供することこそ、遠方のお客さまに来たいと思わせることにつながると思うのです。

加工品を手がけるメリット

野菜を有効利用し、付加価値をつけて販売するもうひとつの方法として、加工品があります。

デリカテッセンなどのお店を開くのと同じように、加工品を作り、販売することには、原価を抑えることができる、野菜セットでは出せない野菜を、有効利用できるなどのメリットがあります。

私が最初に加工品を作り始めたのは、2006年のことです。その後、2007年7月にビオデリをオープンしてからは、加工所の必要性がさらに強まりました。なぜなら、ビオデリのキッチンが手狭で野菜を洗うのも大変だったからです。そこで、レストランをオープンする前に、畑から車で15分くらいのところに加工所を借りました。そこで現在も、様々な加工品を製造しています。

当初は、収穫できる野菜が少なくなる端境期に、野菜セットの1品目として入れるために加工品を作り出しました。最初に作った加工品は、ニンジンジュースです。これはとても人気が高く、端境期などに野菜セットに入れてお送りするととても喜ばれます。ただし、ニンジンジュースの加工は専門の業者にお願いしているため利益率が少なく、売上を伸ばすことにはそれほどつながりません。それでも作り続けているのは、形の悪いニンジンなどを有効活用でき、お客さまにも喜んでもらえるからです。

ニンジンジュースのほかにも、商品化した加工品には、バジルペーストやバジルソース、パスタソース、大根の甘酢漬けなどがあります。なかでもバジルペーストは、雑誌『BRUTUS』（マガジンハウス）の2007年お取り寄せグランプリで、パンの友部門でグランプリを獲得し、今でもとても人気が高い商品です。2009年は、バジルペーストの注文数が多かったため、2010年はバジルを作る量を大幅に増やしました。このように加工品の売れ行きによって、その結果を畑の生産にフィードバックすることもあります。

商品化に成功した加工品がある一方で、なかには失敗に終わった加工品もあります。例えば、キムチを作ったこともありました。味はおいしいのですが手間と原価がかかりすぎるため、商品化を諦めました。加工品を商品化するためのポイントは、やはり製造原価と手間がかかり過ぎないことです。加えて、原材料となる野菜が確保できること、長期間販売できることなどもポイントです。せっかく商品化しても、原材料となる野菜自体が少なかったり、数週間しか販売できなかったりする加工品では、安定して供給することができず商品化には向きません。

商品開発はマーケットインの発想で

有機農家を含め、農家が加工品を手がけるのは、ごく自然な成り行きです。例えば、イチゴがたくさん収穫できたから、それをジャムにして売りましょうというのは、よくあることです。しかし、野菜セットに入れる程度なら構いませんが、単体で商品として売るためには、「野菜や果実がたくさんできちゃったから……」というプロダクトアウトの発想では、商品として失敗するケースのほうが多いと思います。例えば、梅がたくさん収穫できたので、梅ワインにして直売所に出したとしても売れないということがよくあります。なぜ売れないかといえば、ターゲットは誰で、どこに置いてもらって、どういう風に売るのかという、商品コンセプトがないからです。国の予算を使って開発した、変なといってはいけませんが、「誰が買うのだろう？」と思ってしまうような商品が、地方の直売所などにはたくさん並んでいます。せっかく税金を投入しても、これではどぶに捨てるようなものなのです。

最近では加工品を開発する際に、私はまずその野菜がどのような加工品に活用できるかを考えます。次に、もしその加工品を作った場合、マーケットで売れる可能性がどれくらいあるか、どんな人が買ってくれそうか、どういうルートで販売しようかなど、売ることについて考えます。それでいけそうだと思って初めて、種をまくようにしているのです。

例えば、「にたきこま」という品種のトマトがあります。マイナーな品種なのですが、皮が厚く中のゼリー状の部分が少ないため、加熱調理にとても向いています。しかも、栽培も比較的簡単です。そこで私は、「このにたきこまを栽培すれば、トマトソースもできるし、ドライトマトもできる。こうした加工品を作れば、ビオデリでもネットでも販売できるし、野菜セットに入れてもきっと喜ばれそうだ」と考えます。「これはマーケット性があるし、面白そうだぞ」と思ってから、栽培を始めたのです。こんな野菜ができたから加工品を作ろうという、プロダクトアウトの発想とは全く逆です。こんな加工品があったら売れそうだからこの野菜を栽培しようというマーケットインの発想が、加工品の商品化で成功するためにはとても重要なのです。

私は、国の予算で静岡の特産品を使って商品開発をしようというプロジェクトに、農家の立場で参加しています。私を含めプロジェクトのメンバーは、企業がエントリーしてきた商品の企画を評価して、簡単にいえば売れそうか売れそうでないかを評価して、商品化するかどうかを判断しています。様々な企画が提出されていますが、どんな人をターゲットにして、どこに置いて、どうやって販売していくのかという商品コンセプトがない企画もたくさんあります。そういったものは商品化しても、自己満足に終わってしまう可能性が非常に高いのです。

有機農家は野菜を栽培するプロですが、商品開発やマーケティングのプロではありません。農業の6次産業化を図っていくためには、こうした商品開発をサポートする団体が必要でしょう。最近では企業で働きながら、休日はNPOなどに参加して、自分の技術を活かし社会に貢献したいと思っている人も増えています。特に大企業では、自分の仕事がどのように社会に役立っているかがわかりづらく、自分の社会的存在意義を確認したいと考える人が増えているのです。こうした人たちにボランティアとして協力してもらい、農家の6次産業化をサポートしてもらうというのも、ひとつの手かもしれません。

OEMを活用せよ！

自分たちで加工品を作ることが難しい場合は、外部にレシピを伝えて製造を依頼することもできます。これをOEM（Original Equipment Manufacturing）と言います。ビオファームまつきで販売しているニンジンジュースは、新潟県のある有機農家に委託して製造を行っています。また、静岡朝日テレビとコラボレーションし、トマトソースを開発した際には、瓶詰めの工程を外部の企業に委託しました。

個人の有機農家の場合、自分たちの手で加工品を作ることは、手間的にもなかなか難しいことです。加工品を作ろうとしたときに、外部に委託する方法があるということを知っておくだけでも、可能性を広げることができるでしょう。

例えば、岡山県で有機農業をやっている方で、せんべいの製造を請け負っている有機農家がいます。お米を有機栽培する農家では、どうしても粒が小さな「くず米」が出てしまいます。くず米は商品にはならず、自分たちで食べるくらいしか使い道がありません。岡山の有機農家の方はそこに目をつけて、全国の有機農家を対象に、「くず米をうちに送ってくれれば、せんべいにして返します」というビジネスを行っているのです。もしあなた

地元で協力して加工品を開発。地域活性化にもつながる

が、有機栽培でお米を作っていたら、岡山のこの有機農家に依頼して、せんべいを作り販売することもできるでしょう。

こうした、全国の有機農家を対象にしたＯＥＭのビジネスもひとつのモデルとして成立する可能性を持っています。新潟でニンジンジュースを製造している有機農家も、これと同じビジネスモデルだといえます。

「ビオファームまつき」の場合、地域の企業と連携

有機農家にとって作った野菜を販売することも大切ですが、これからはその野菜にいかに付加価値をつけるか、いかに形を変えて販売するかを考えるのが常識となってゆくでしょう。例えば、単にジャガイモを作ってそのまま売ることもできますが、品種ごとにスープにしてセットで販売するという方法もあります。また、地域の企業などと連携して、共同で加工品を販売するという方法もあります。

２００９年には、トマトソースの開発を始めたのですが、売り方を工夫しました。地元にある製麺会社と協力して、当社のトマトソース・バジルソースと、その製麺会社のデュラム小麦１００％の生パスタをセットにして商品化したのです。このパスタセットは、ビ

オファームまつきでも販売していますし、その製麺会社でも販売しています。このように、地元で協力して加工品を開発することは、地域活性化にもつながっていきます。

同じような試みとして、富士宮市にある大正3年から続く食肉店の「さの萬」とコラボレーションして、「プレミアムコロッケ」を商品化しました。なぜ、プレミアムかといえば、麦やサツマイモなどの自然飼料を食べて、地元の朝霧高原でゆっくりと育った「萬幻豚（まんげんとん）」と呼ばれる、さの萬の高級豚肉を使用しているからです。一方でジャガイモは、ビオファームまつきで収穫したレッドムーンを使用しました。

２００９年には、加工所を借りて当社のスタッフ総出で、約３０００個のプレミアムコロッケを作りました。もともとこのプレミアムコロッケは、２００９年の11月から12月に新宿伊勢丹で開催されたフェアで、さの萬が販売するためのものでした。そのフェアでは1個２８０円で販売したのですが、３０００個がすべて完売しました。そこで２０１０年は加工業者に依頼して、約1万個を製造する予定です。作ったプレミアムコロッケは、さの萬やビオファームまつき以外にも委託先を探して販売してもらうことを考えています。

有機農家の場合、お客さまに直接野菜を発送する野菜セットなどの商品が売上の中心ですが、その注文数をいきなり2倍や3倍にすることはできません。有機農家の課題は野菜セット以外の商品を、いかに生み出していくかだと思っています。このように新たな商品メニューとして可能性を秘めているのが、加工品なのです。

第7章

夢の〝ビオフィールド1000プロジェクト〟

情報発信基地をつくる！ 成功の鍵は人との縁(えにし)

自分の土地が欲しい

2007年7月に富士宮市に「ビオデリ（Bio-Deli）」をオープンしてからというもの、私は〝有機農業〟と〝食〟を結びつける方向で、新たな有機農業のビジネスモデルを作っていきたいと考えるようになりました。そしてもっと具体的に、自分が思い描くビジネスモデルを形にしていくためには、自分の土地が必要だと思ったのです。それまで、私が農業を行ってきた畑はすべて借地で、住まいも借家、ビオデリも借りた店舗で開いたお店でした。

もうひとつ自分の土地が必要だと思った理由は、加工所を作りたいと考えていたからです。12坪の店舗を借りて実際にビオデリをオープンしてみると、キッチンが手狭で作業がしにくいという不満を感じるようになりました。シンクがひとつしかなく、野菜を洗う作業ひとつにしても、とても非効率だったのです。

加工所があれば、畑でとれた野菜をそこで1次加工してビオデリに届けることができます。ビオデリでは、あとは料理をするだけの状態で野菜が届くため、作業効率が高まります。また、自前の加工所を持つことは、加工品を作るうえでもメリットがあります。自分たちで育てた野菜に付加価値を加えた加工品を開発することで、新たな商品ラインナップも増やすことができると考えたのです。

そんなことを考え始めた頃、ある不動産会社から1000坪の土地購入の話を持ちかけられました。私はその物件概要を見て、一目で興味を持ちました。その土地にひかれたポイントは、地目に「農地」だけでなく「山林」が含まれていたことです。当時の芝川町では、山林には建物を建てることができたからです。通常、農地には規制があって、建物を建てることができません。また、山林であっても市町村によっては建物を建てられないところもあります。実は当時、芝川町と富士宮市の合併話が持ち上がっていて、合併して富士宮市になってしまうと、山林であっても建物が建てられなくなる可能性がありました。しかし、当時ならまだ合併前で、建物を建てることができました。その点にひかれて、思い切って土地を買うことに決めました。結局、その土地は持ち主の事情で競売に出されることになりました。私はその競売に参加して、当初の価格よりも2割ほど安く、その土地を購入することができたのです。

化ける男がやって来た！

土地の購入を決める数ヵ月前の2007年11月。ある1人の男性との出会いがありました。彼の名前は、山内一彦です。彼が「ビオファームまつき」の一員になってくれなかったら、〝ビオフィールド1000プロジェクト〟は実現できなかったでしょう。私は、彼と出会ったその日のブログに次のように書いていました。

「新富士駅で待ち合わせの男性ひとり。〝猫足〟(プジョー)で畑に向かう。福岡在住のY君、初対面である。雰囲気は今までにあった誰とも違っていた。上手く説明はできないけれどこじんまりした感じではなく、なんとなく化けそうなイメージがちょっとある。ワタシは経験上、人の縁(えにし)というのをすごく大切にしていて、自分がこれから何かをやろうとしている時に、ひょんな偶然からそういう人と巡りあうのである。

これはきっと自分が何かを発信しているからであって、その情報に興味のある人が集まってくるのは偶然ではなく必然かもしれない。今すぐどうのこうのということではないけど…将来もしかするとオモシロイことになるやも知れぬ。(以下略)」

彼はもともと、港湾整備や水産資源の開発、環境再生などの建設コンサルティングを行う会社にいましたが、ビオファームまつきの取り組みに興味を持ってくれて、農場の見学に来てくれました。夜は我が家に泊まってもらって、土地を購入しようと思っていること、そこで有機農業のビジネスモデルを作りたいこと、併せて循環型の有機農業の情報発信基地にしたいことなどを語り合いました。そこで、山内君と意気投合したのです。

山内君が福岡に戻ってからしばらくして、彼から1通のメールが届きました。そのメールを開けてみると、なんと〝ビオフィールド１０００プロジェクト〟の企画書が添付されていたのです。企画書には、ＣＡＤ（Computer Aided Design）で作ったプロジェクトの完成予想図まで入っていました。

ビオフィールドのプロジェクトは、そのときに山内君が送ってきてくれた企画書がベースになっています。そして彼は出会ってから約1年後に会社を辞め、福岡から静岡へ移り住み、いっしょに働いてくれることになりました。彼に陣頭指揮をとってもらい、購入した１０００坪の土地を自分たちの手で開墾し始めました。

〝情報発信基地〟を作るために

ここで、〝ビオフィールド１０００プロジェクト〟の概要を説明いたしましょう。

畑からの情報発信をより現実的な形でお客さまの前にお見せしたのがビオデリだとすれば、その発展形が畑の中の「レストラン　ビオス」です。ビオスは元々〝ビオフィールド１０００プロジェクト〟という名を掲げた１０００坪の土地活用プロジェクトの一環でした。1000坪の土地は、加工所を建てる予定でしたが、購入を検討する中で、それだけではなく「循環型の有機農業の情報発信基地を作る」という目的も入れたいというふうに変わってきました。

私は有機農業が持つ循環の発想や昔ながらの知恵などにひかれて、有機農業の道を選びました。例えば、鶏を飼ってそのフンを畑の堆肥として利用し、畑でとれた野菜の残さを鶏のエサにして、またそのフンを堆肥として利用するなど、有機農業には自然と調和した循環の仕組みが息づいています。私はこの1000坪の土地で、有機農業が持つ「環境への負荷を抑える仕組み」を、多くの人に紹介したいと思ったのです。

だからといって、循環の発想や、昔ながらの知恵をそのまま紹介するということではありません。最新の技術や私のセンスを加えて、現代版として甦らせたいのです。そこで1000坪の土地には、バイオトイレを導入したり、レストランの建物には太陽光発電やLED照明を取り入れたりしています。また、今後は牛糞を発酵させてガスを作り出す、バイオガスプラントも作りたいと考えています。

この1000坪の土地に建てたレストランは、「循環型有機農業の情報発信基地」のシンボルです。多くの人にレストランに訪れてもらい、畑で循環型の有機農業に触れていただくことで、いろいろな効果が期待できます。例えば、農業の現状を知ってもらうことも、その効果のひとつ。それにより、有機農業に関心を持つ人が増えていってくれたら、これほど嬉しいことはありません。こうした畑を含む1000坪の土地の中にレストランがあることによって、デリカテッセン以上に、消費者に有機農業の素晴らしさ、野菜の美味しさを肌で感じてもらえる場所になると思っています。

〝シンプル〟〝プリムール〟〝テロワール〟

農場に見学に来た方や、レストランに来てくれたお客さまに、「松木さんは、やりたいと口にしていたことを着実に実現されていますね。思い描いていたことを形にしていてスゴイですね」と、言っていただけることがよくあります。確かにそうなのかもしれませんが、私だけがそのような特別な能力を持っているわけではありません。誰だって、思い描いた夢を実現することはできると思うのです。京セラの創業者であり、日本航空の会長でもある稲盛和夫氏は、次のようなことを言っています。

「寝ても覚めても四六時中そのことを思いつづけ、考え抜く。頭のてっぺんからつま先まで全身をその思いでいっぱいにして、切れば血の代わりに〝思い〟が流れる。それほどまでにひたむきに、強く一筋に思うこと。そのことが、物事を成就させる原動力となるので

す」(『生き方』サンマーク出版)

私は、この稲盛氏の言葉にとても共感しています。寝ても覚めてもひとつのことをやりたいと思って活動をしたり、情報発信を続けていたりすると、それにプラスになる人がなぜか現れるのです。山内君もそうですし、デリをやりたいと思っていたときもそうでした。

私は、本当に人との出会いに恵まれていると思います。何かをやろうとするときに、必ず自分にとってプラスになる人が向こうからやってきてくれます。そして彼らは私にはない優れた能力を持っているのです。〝ビオフィールド1000プロジェクト〟を立ち上げるときには、山内君に加えて、さらに2人の重要な人との出会いがありました。その1人が、レストラン ビオスのシェフとなる河崎芳範です。

彼と初めて出会ったのは、2006年のことでした。彼は当時、東京丸の内にあるフレンチレストラン「ブラッスリーオザミ」で働いていたのですが、奥さんの実家が富士市ということで、実家に来たときに私の農場に見学に来てくれたのです。実は、ブラッスリーオザミは私が好きなお店のひとつで、東京に出かけてフレンチを食べようと思ったときに、よく通っていたお店でした。

河崎君はその後、何度か農場を見学に来てくれました。その何度目かに、私のほうから

「今度、自分の土地を入手して、そこでレストランをやってみようと思っているんだけど、興味があったらいっしょにやってみない？」という話をしたのです。彼の返事は、「ぜひ、いっしょにやってみたい」という嬉しいものでした。

彼もちょうどその頃、これから自分の料理人としてのレベルアップを、どう図っていくかを迷っていたようです。これまでにも書かせていただきましたが、東京ではフランス料理の世界をはじめレストランのレベルが、20年ほど前に比べて全体的に上がってきていています。食材のレベルも、料理人のレベルも上がってきている、逆に言えば差がなくなってきています。もちろん、飛びぬけてすごいレベルのお店はありますが、そういったレストランは数軒で、あとは横並びという状態です。そんな状況の中で、彼は自分が料理人として他の料理人とどう差別化を図っていくかを考えたときに、原材料が作られる畑の近くで働いてみたいと考えたのです。だからこそ、私の農場に見学に来てくれたのでしょう。

料理人が、畑の状態から食材を知るということは、大きなプラスになります。例えば、「この野菜、実だけでなく花も料理に使ってみたらどうだろうか？」という発想が、実際に野菜が育つ畑を見ることで生まれてきます。もちろん、とれたての新鮮な野菜が使えることも、大きなメリットです。

彼にぜひ、私のレストランのシェフとして働いてほしいと思ったのは、彼と私の間に料理に対しての共通の思いがあったからでした。彼はもともと、私が好きでよく通っていたレストランで働いていたこともあり、「どこのレストランの料理がいいと思う?」と彼に質問すると、出てくるレストランの名前が、私が好きなレストランと共通していました。その他にも彼の料理に対する思いを聞いて、彼なら私がレストランで出したいと思う料理を形にしてくれると思ったのです。

私がレストラン ビオスで出したい料理とは、シンプル(simple)、プリムール(primeurs=旬な)、テロワール(terroir=地元の)という3つの言葉に集約されます。もう少し平たく言えば、「私の畑と周辺の地域で取れた旬の食材を、シンプルに料理(煮る・揚げる・焼く・蒸す)した一皿」ということです。今の畑の風景や、畑がある地域の様子が目に浮かぶような一皿を出したいのです。

フランス料理では、細かな技術にこだわった凝った料理を作りがちですが、私は技術や見せ方を計算しない引き算の、シンプルな料理を提供したいと思っています。ただし、それだけではつまらないので、シンプルな上に自分たちのエスプリ(esprit)をのせていきたいのです。エスプリとは、「私たちらしさ、自分たちのセンス」というような意味です。例えば、野菜は細かく切ってサラダにして出すこともできますが、レストラン ビオスでは、根っこがついた収穫したままの姿で蒸して出すなど、このお店だからこそできる出し方をしていきたいと思っています。

話が少しずれましたが、河崎君は2009年の2月に東京での仕事を辞めて、富士宮市に移り住んできてくれました。そして、レストラン ビオスに欠かせない1人として、厨房で活躍してくれています。

デッドライン

私は、自分のレストランを持ちたいという夢を、2007年7月にデリを始めた頃からなんとなく思い描いていました。ビオデリに来てくださるお客さま、特に遠方からのお客さまは、有機農家が運営するデリカテッセンということで、畑の中にある建物をイメージして来てくれます。しかし、実際にはビオデリの周りは住宅街で、隣にはピザ屋やアイスクリーム屋があります。お客さまに、「畑はどこですか?」と聞かれることもしばしばありました。

そういったお客さまの言葉をお伺いするうちに、段々とビオデリとは違った表現のお店を開きたいと思い始めました。ビオデリは惣菜を販売するお店ですから、日常的に利用してもらうことを想定しています。それとは違った、目の前に畑が広がるような場所で、非日常を演出するレストランを開きたいと思うようになったのです。

ビオデリが手狭で加工所を持ちたいと思っていたことも、レストランを開くひとつのきっかけとなりました。どうせ加工所を建てるのなら、レストランを併設した建物にしようと、段々と夢は広がっていったのです。

土地も購入し、人材も集まってきてくれたことで、2008年10月頃から本格的に動き出した〝ビオフィールド1000プロジェクト〟。その中心的な役割を担う建物も、当然レストランでした。

しかし、レストランを建てるためには莫大な資金が必要です。1000坪の土地は、なんとか自己資金で購入することができましたが、レストランを開くためには銀行などからお金を借りる必要がありました。私にとってレストランは、ビオデリから次のステップに進むための投資でした。これまでに野菜の販売やデリの運営などで実績を積んできて、レストランを開いても運営していけそうだと踏み、はじめて大きな借金をすることを決心したのです。

これまでの投資とは桁が違うため、もちろん不安もありました。その上、芝川町と富士宮市の合併の話がまとまり、2010年の3月に芝川町は富士宮市に編入することに決まったのです。芝川町であれば「山林」の地目に建物を建てることができますが、富士宮市と合併すると建物が建てられなくなる可能性がありました。そのデッドラインが、当時から見れば1年数ヵ月後に迫っていたのです。

そんなときに力になってくれたのが、富士市産業支援センターで起業支援を行っている小出宗昭さんでした。〝ビオフィールド1000プロジェクト〟を立ち上げるときに、山内君に加えて2人の重要な人との出会いがあったと書きましたが、その1人がシェフの河崎君で、もう1人が小出さんでした。

小出さんとの出会いは、まさに偶然でした。ある日、私がビオデリで仕事をしていると、ふらりと小出さんが食事に来てくれたのです。面識はありませんでしたが、新聞などで写真を拝見していたので、小出さんだと気が付きました。そこで失礼を承知で、「ちょっとお時間ありますか？」と小出さんにお願いをして、食事が終わった後に〝ビオフィールド1000プロジェクト〟を進めようと思っている土地を見ていただいたのです。さらに、近くの喫茶店に入って、山内君が作ったプロジェクトの企画書も見てもらいました。

なぜ、そこまで無理を承知でお願いをしたかというと、どうしても小出さんの客観的な意見が聞きたかったからです。小出さんは長年、起業支援の仕事を手がけてこられました。私は、〝ビオフィールド1000プロジェクト〟はきっと成功すると思っていましたが、それはあくまでも自分の感覚に過ぎません。そこで、起業支援をしている方の目から見たら、果たしてこのプロジェクトはどう映るのだろうと、率直なアドバイスをいただきたかったのです。

企画書を読み終わって小出さんは、「これはいけると思う」と言ってくださいました。さらに、「富士市産業支援センターでバックアップするから、ぜひ一度相談に来てください」とも、おっしゃってくれたのです。その後、相談に行くと、小出さんはある銀行を紹介してくれました。そして、2009年1月に融資の話が決まり、プロジェクトが本格的に動き出したのです。このときに小出さんとの出会いがなく、銀行から融資が受けられなかったら、合併のタイムリミットを過ぎてしまっていたかもしれません。私にとって小出さんとの出会いは、まさにここしかないというタイミングでした。レストランがオープンした今でも、小出さんにはいろいろとご相談に乗っていただいています。

夢への第1歩を踏み出す

2009年6月に工事が始まったレストラン　ビオスは工事も順調に進み、2009年12月8日に無事にオープンすることができました。そのオープンに併せて、ホームページに掲載した言葉を以下に抜粋して紹介させていただきたいと思います。

建設中の「レストラン ビオス」

「畑の中でレストランがやりたい……。人に恵まれ、また運にも恵まれて、その思いがいよいよ現実のものになろうとしています。メートル・ド・テル（給仕長）からペイザン（農民）へ、そしてまた再びレストラトゥール（レストラン経営者）への道を歩もうとしています。しかしこれはまだその通過点に過ぎません。『中山間地における有機農業の新しいビジネスモデルを作る』というミッションのもと動き出したひとつの事業にすぎないのです。」

オープン以降、おかげさまでレストランには、順調にお客さまに来ていただいていますが、まだまだビオフィールドの1000坪の土地は整備段階です。まずは「循環型の有機農業の情報発信基地」として完成させるために、計画している鶏舎やバイオガスプラントなどの整備を進めていきたいと思います。また、レストランでは、目の前に広がる畑でお客さまが自分で収穫をした野菜を、その場で料理して出すような、体験型のメニューも提供していきたいと考えています。こうした取り組みの一つひとつが「新しいビジネスモデル」を作ることにつながっていきます。「中山間地における有機農業の新しいビジネスモデル」については、次章で詳しく書かせていただきたいと思います。

第8章

「ビオファームまつき」の挑戦

農業に夢を託す人たちへ

株式会社を設立する

２００７年5月、私は「ビオファームまつき」を株式会社化しました。「ビオデリ（Bio-Deli）」をオープンする約2ヵ月前のことです。なぜ会社にしたかといえば、ビオデリのオープンのために、３名の社員を雇ったからです。もちろん、個人でも人を雇用することはできますが、人を雇用するなら、長く安心して勤めてもらいたい。そのためには雇用保険や厚生年金があって、辞めるときには退職金も出る、しっかりとした会社にしていかなければならないと考えたのです。農業の分野で、しっかりとした会社があるということは、それ自体が農業がひとつの産業として認められることにもつながっていきます。

とはいえ、会社を興した当初は、個人商店の屋号が変わった程度にしか変化を感じませんでした。ところが、それから数年が過ぎ、社員が18人まで増えてくると、個人商店の延長ではとても運営できません。

会社を興すときももちろんそうですが、会社を運営していくために大切なのは、「この会社はなんのために存在するのか？」という理念です。「お金をもうけるため」という目的も、会社である以上確かにありますが、それは主目的にはなり得ません。松木一浩という社長がいて、「お前ら俺のために、たくさんお金を稼げ！」と言っても、誰もついて来ないのです。大切なのは、その会社がどんな目的のために存在するかということです。

ビオファームまつきは、「中山間地で有機農業の新しいビジネスモデルを作る」というのが理念です。その理念を実現することで中山間地が活性化し、雇用が生まれ、遊休農地が解消でき、ひいては社会に貢献することができる。

こうした明確な理念があれば、「社長の私も目的を達成するために一生懸命働くから、社員の君たちも一生懸命働こう。なぜなら、君たちもこの理念に賛同してこの会社に入ったのでしょう？　だったら、いっしょに頑張ろう！」ということができるのです。

理念を掲げることで、社長も含め社員全員が会社の理念のために働くという体制をつくることができます。これはもちろん、農業に限ったことではありません。会社を興す場合は、「その会社を作って何をやりたいのか？」という理念を持つことが大切です。

会社を興し社員を雇うようになって実感したのは、会社組織を運営していくためには経営ノウハウがとても重要だということです。例えば、数年後に就農を希望していて、まだ時間があるという人は、将来的に会社化を考えているなら農業の勉強をすると同時に経営の勉強をしておいた方がいいかもしれません。なぜなら、農業の技術は実際に畑に出て学ぶことができますが、経営に関してはなかなかそうは行かないのです。もちろん経営も現場で経験を積むことが大切だとは思いますが、経営の基礎的な部分は、本などでも十分に学ぶことができると思うのです。

私は、農業を手がける元気な会社が、どんどん増えていってほしいと願っています。元気な会社が増えることは農業の活性化につながり、若者たちが農業の道を志すことにもつながっていきます。ビオファームまつきも、そんな元気な会社のひとつでありたいと常に思っています。

中山間地の現状をかえりみて

田舎でのんびりと暮らしたい。畑で野菜を作りながら、家族が食べていけるだけの収入があればいい。そう考えて静岡県の芝川町に移り住み有機農業を始めた私が、生業としての有機農業を考え始めたのは、就農して3年目のことでした。気持ちに変化が生まれたきっかけとしてNHKのラジオ番組の出演を先に挙げましたが、同時に野菜が売れ始めたこともあります。私の野菜を購入して、喜んでくださる人が徐々に増えてくるにつれて、生業としての有機農業の可能性や面白さにひかれていきました。

そんなとき、農業が置かれている状況に目を向けると、日本の食料自給率は40％前後しかなく、農業人口はどんどんと減り続け、それに伴って耕されない遊休地は増え続けていました。有機農業の現状をかえりみれば、提携という40年前の社会運動のスタイルから抜け切れていません。たとえ、田舎でののんびりとした暮らしがしたいという有機農家が10軒、１００軒と増えていったとしてもそれは自己満足に過ぎず、農業の世界自体は良くなっていかないのです。この農業の現状を改善していくためには、ビジネスとして成り立つ有機農業を手がける農家を増やさなければなりません。そのためには、これから有機農業の道を志す人たちにとって道しるべとなる、新しい生業としての有機農業のビジネスモデルが必要です。なかでも中山間地にこそ新しいビジネスモデルが必要だと私は考えたのです。

私が就農した芝川町は、中山間地でした。中山間地とは、平野の外縁部から山間地に至るまでの地域で、最近、よく耳にする里山と呼ばれる地域も中山間地に含まれます。この中山間地には古くから人の暮らしがあり、農業が行われてきました。しかし、まとまった平坦な畑が少なく耕作しにくいため、近年では遊休地がどんどんと増え続けています。

国土のうち、中山間地が占める割合は7割程度もあります。最近、メディアではビジネスとして農業が注目され、その中で成功した方たちが紹介されていますが、彼らの多くは中山間地のような効率の悪い地域では農業を行っていません。広い面積の畑に大型機械を入れて、大規模化・効率化することでコストを下げ、利益を伸ばしているのです。

もちろん、こうした農業を否定するわけではありません。ひとつの成功モデルとして、大規模化する農業の道も必要でしょう。しかし、私は国土の約7割を占め、遊休地が増え続けている中山間地にこそ、成功モデルを作る意義があると考えます。中山間地には広い平坦地が少なく、少なからず効率が必要とされるビジネスにおいて決して有利な場所であるとは言えませんが、この中山間地の復興がなければ、日本の農業の問題を根本的に解決することはできません。

農地は地域の経営資源

遊休地がどんどん増え続けている一方で、農業をやりたいという人は増えています。しかし、農地をなかなか借りられないという問題も起こっています。行政は農地を借りたいという人と遊休地を持つ地主の間を取り持つことはできますが、地主が貸したくないといえば、行政はそれ以上はどうすることもできません。だからといって、地主はそこを耕すつもりがあるわけではありません。農地を活用せず荒れた状態にしているのに、誰にも貸さずに所有しているのです。

農家にとって農地は経営資源です。地域にとっても経営資源であるはずなのに、活かされていない現状があります。この現状を変えていくためには、ひとつの案ですが遊休地はすべて国が適正な価格で買い取って国有化すればいいと思います。そして、本当に農業をやりたいと思っている熱心な人に貸し出すべきです。食料自給率が４割をきろうとしているのに、39万haもの農地を荒らしておくことは、許されないことだと思うのです。

もしこうした政策が実現すれば、農地を借りたい人は、国の窓口に行けば農地を借りることができます。いろいろなところに足を運んで農地を探す手間と時間も省くことができます。もちろん、農業をやりたいという企業にも、どんどん貸すべきだと思います。その代わりに、農地が産業廃棄物の埋立地などに使われないように、違反した場合の罰則も併せて強化すべきでしょう。

ちょっと過激な提言になってしまいました（苦笑）。実際にそこまで徹底した政策が実行されることはないと思いますが、新規就農者が農地を借りやすい仕組みを作ることは、とても重要だと思います。特に、中山間地への対策を強化してほしいのです。大規模化しやすく耕作しやすい平野部で、遊休地がさらに増えていくことは考えにくいでしょう。これからも遊休地が増えていくのは、耕作しにくい中山間地だと思うのです。

農業ビジネスで成功しているある方は、「中山間地はもともと山だったんだから放っておいたら山に戻るだけ、だから遊休地が増えたっていいのでは？」とおっしゃっていました。確かにその考えにも一理あるかもしれません。

しかし私は、日本の国土の約7割を占める中山間地の遊休地の問題を解消しなければ、農業を活性化していくこと、食料自給率を上げていくことは難しいと思っています。

限られた農地でいかに売上を伸ばしていくか

小出さんの助けもあり2009年の1月に融資の話が決まったことで、6月にはレストランの工事がスタートしました。また、荒地となっていた1000坪の土地を開墾し、レストラン以外の部分は畑に再生して、2009年3月からはその畑で「野菜塾」をスタートさせました。

野菜塾とは、有機農業に興味のある一般の方に、農薬や化学肥料を使わない野菜の栽培方法から、おいしい野菜の食べ方までをレクチャーする教室です。この野菜塾の期間は10ヵ月間で、合計18回の講座を開いています。

自分の土地というハードを手に入れたことで、中山間地でのビジネスモデルを作り上げていくための選択の幅が大きく広がりました。ソフトとしてのアイデア次第で、ハードである土地をいくらでも活かすことができるのです。そのソフトのひとつが、この野菜塾です。野菜塾にはもちろん、ビオファームまつきの取り組みを知ってもらうという情報発信の意味もありますが、それに加えて、限られた農地でいかに売上を伸ばしていくかというビジネス的なチャレンジの意味もあります。

例えば、1反（約300坪）の田んぼで収穫できるお米は、どんなにとれても8俵（480㎏）と言われています。そのお米を仮に1俵＝1万5千円で、JAに買ってもらえるとすると、8俵で売上は12万円です。そこから苗代や農薬代、コンバインの燃料代などを引いていくと、ほとんどお金は残りません。これでは、米農家をやめようと思う人が増えるのも無理はありません。だから、広大な田んぼに大型の機械を入れて大規模化・効率化を図っていくしかないのです。ところが、中山間地では広大な農地を手に入れることは望めません。中山間地で遊休地が増えている原因のひとつには、お米を育ててもまったく利益が上がらないというところにもあるのです。

一方で、野菜塾を開いている畑の面積は約30坪です。そこで約15人の生徒さんが、有機栽培の方法を学んでいます。このときに野菜塾の受講料を仮に、1月約1万円とすると、10ヵ月の期間で1人あたり10万円になります。15人の生徒さんを合計すれば、30坪の畑で

150万円の売上を上げることができるのです。

最近の農業ブームや自然志向も手伝って、家庭菜園のニーズは非常に高まっています。市区町村が運営する市民農園では、毎年抽選が行われるほどの人気で、なかなか借りることができないため、民間などが運営する貸し農園も増えてきています。

農業を、余暇を楽しむためのひとつの手段としてとらえる人たちが増えているのです。畑と田んぼの違いはありますが、こうしたマーケットニーズをつかむことができれば、中山間地でもビジネスとしての農業を成り立たせることができます。「そんなのは農業じゃない！」と反論される方もいるかもしれませんが、自分たちが持つハード（農地など）とソフト（アイデア・技術）を活かして、柔軟にニーズをつかんでいくことが、新たなビジネスモデルを構築するためには大切だと思うのです。

今後、私は野菜塾の卒業生のための菜園も運営したいと考えています。野菜塾を受講してある程度の技術を身につけた人の中には、近くで自分の菜園を借りて農業を続けてみたいという人も少なからずいるでしょう。そんな卒業生たちのために、農機具小屋やトイレ、水道を完備した農場を設けて、普段はビオファームまつきのスタッフが管理などをお手伝いして、週末などに農業を楽しんでもらえる菜園を作りたいと思っています。

また、２０１０年からは、富士宮市の老舗食肉店の「さの萬」さんに、ビオフィールド内の20坪の畑を活用してもらっています。この20坪の畑は、さの萬さんがコロッケなどに使うジャガイモを育てたり、お客さまを呼んでイベントを開催するためなどに利用してもらいます。ビオファームまつきは、畑の管理やイベントの企画・運営を行うことで、その費用をさの萬さんからいただくという仕組みです。

この取り組みも、限られた農地でいかに売上を上げていくかという試みのひとつです。今後は、さらに企業のCSR活動や福利厚生、社員教育などに、ビオファームまつきの畑を利用してもらえるように、営業活動を行っていきたいと思っています。例えば、料理学校が生徒さんたちに野菜がどのように育つのかを教えるために農場を利用してもらったり、レストランのシェフに、自分たちが使いたい野菜を試験栽培するために農場を利用してもらったり、さまざまな可能性に挑戦していきたいと考えています。

社会保障完備の会社を目指す

ビオフィールドの活用に加えて今後は、スタッフの労働環境の整備にも力を入れていきたいと考えています。社員にはできるだけ長く働いてもらいたい。そのためには、給料や福利厚生などの労働環境を整えていかなければなりません。それができてこそのビジネスモデルだと思うのです。

農業をやりたいという人の中には、自分で独立してやりたいという人もいれば、土に触れることや自然の中で働くことが好きだから農業をやりたいという人もいますが、後者の土に触れることが好きだからというだけでは、生業としての農業を続けていくのは難しいでしょう。ですが、ビジネスとして農業を手がける会社があれば、自然の中で働きたいという人も社員として受け入れることができます。しかも、普通の会社と同じように給料やボーナスがもらえて、休日もあって、定年まで勤め上げれば退職金ももらえる……私はビオファームまつきを、そんな会社に育てていきたいのです。

もちろん、何年か働いた後に独立したいという人も大歓迎です。生業としての有機農業を手がける農家が増えていけば、日本の農業を元気にすることにつながると思うからです。

10年後を見つめて

これからの農業界には、夢を語れる農業経営者が増えていかなければなりません。ただ単に、お金もうけがしたいからという経営者では、誰もついてこないでしょう。スタッフ

ビオスのシェフ・河崎芳範と

にとっても、全力を傾けて働くべき目標がそこにあるかが重要なのです。ビオファームまつきは、そんな魅力ある会社でありたいと思っています。私たちの会社の目標は、「中山間地における有機農業のビジネスモデルを作り上げること」。それが、日本の農業をどのように変えていくのか、これから有機農業を志す人たちにどのように貢献できるのか、しっかりと社員ひとりひとりに伝えていきたいと思っています。

「中山間地における有機農業のビジネスモデルを作り上げる」という目標については、ビオデリやビオス、野菜塾といった中山間地でも可能な収益モデルを作ったことで7合目まで登って来られたのではないか思っています。ここから残り3合分、つまりそれぞれの試みで収益を上げてゆくことがおそらくもっとも大変ですが、私が50歳になるまでには、登りきっていいたいと思っています。そのためには、まずは売上を伸ばしていくことが必要です。目標とする売上を達成するために、実は近い将来、デリカテッセンをもう1店舗開きたいと考えています。労働環境の整備や人材の育成も行っていかなければなりません。

そして50歳になったときに、中山間地における有機農業のビジネスモデルを作り上げることができたら、そこから10年後までには、農業の総合的な学校を作りたいとぼんやりと考えています。それが私の夢です。

有機農家として独立することは、独立開業することと同じです。農家として起業して運営していくためには、農業の技術と経営の知識の両方が必要です。しかし、現在では農業の技術を教えてくれる学校があり、経営学を教えてくれる学校もありますが、その両方を総合的に教えてくれる学校は存在しないのです。

私が、中山間地における有機農業のビジネスモデルを作りたいと思ったきっかけは、農業を志す人を増やしたいという目標があったからです。ビジネスモデルを作り上げた後に、例えば、ビオファームまつきの支部を福島に作ろうとか、岐阜に作ろうとは思っていません。ビジネスモデルを作って、どんどんと農場を拡大していきたいとは思っていないのです。私がひとつの成功モデルを作り上げることで、それを見た人たちが私のモデルをヒントに、自分なりの成功モデルを作っていってほしい。それによって、生業としての有機農業を手がける人が増えていってほしいと願っているのです。

だからこそ私は、ビジネスモデルを作り上げた後は、もっと社会に貢献できる活動を手がけていきたいと思っています。それが、農業技術と経営知識をトータルに学ぶことができる学校です。農業経営を総合的に教える学校を作ることで、生業としての農業を手がける人材をさらに増やしていきたいと思っているのです。その10年後の様子は、おぼろげにですが私の頭の中に浮かんでいます。

間もなく還暦を迎える私が「レストラン　ビオス」に行くと、もう私がいなくてもレストランはしっかりと回っていて、お客さまは、シェフが調理して出した料理に舌鼓を打っています。食材は先ほどご自分で収穫したばかりの野菜です。

畑の運営も、すべて農場長が管理しており、私は時々、口を出すだけです。だからこそ、私は安心して農業経営学校の運営に力を注ぐことができています。

廃校を活用した農業経営学校に行けば、若い生徒たちが畑で農業技術を学び、教室では広報やマーケティングなどの農業経営を勉強しています。私も教室に入って、生業としての農業の大切さなどについて、生徒たちに講義を行います。

そして家に帰ると、去年、学校を卒業して就農した生徒から、近況を知らせる手紙が届いていています。その手紙を読んで私は、その生徒をはじめ学校を卒業して全国で農業に取り組んでいる卒業生たちの顔を思い浮かべるのです――。

夢物語のような話で、お恥ずかしい限りですが、私はこのような未来をビオファームまつきのスタッフとともに作り上げたいと、心から願っています。

おわりに

1992年5月、「ホテル ニッコー・ド・パリ」での2年間の修行を終えた私は、妻といっしょにレンタカーに乗って、フランス中南部のライオール村に向かっていました。当時、私たちは2週間にわたって、フランス中のレストランを巡っていました。ライオール村には、もっとも訪れたいと思っていた世界的に有名なオーベルジュ（宿泊施設の付いたレストラン）「ミシェル・ブラス」があったのです。たどり着いてみて驚いたのは、ミシェル・ブラスは周りに建物ひとつない、山の中に建っていたことです。にもかかわらず、店内に足を進めると華やかなドレスをまとった人たちが大勢いて、まるで別世界に迷い込んだかのような空間が広がっていました。

そこで私は、ミシェル・ブラスのスペシャリテ「野菜のガルグイユ」をいただいたのですが、一口いただいてその野菜のおいしさに衝撃を受けました。「フランスで2年間働いていたのは、この一皿にめぐり合うためだったのだ！」と思ったほどです。「ガルグイユ」とはこの地方の郷土料理なのですが、ミッシェル・ブラスのガルグイユには、地元の新鮮な野菜だけでなく、山に自生している名もないハーブや野の花、キノコなどが何十種類も入っていて、シンプルでありながらも野菜の香りや甘み、歯ごたえを存分に楽しむことができる一皿だったのです。

この野菜のガルグイユと出会ったときから、私の頭のなかに野菜というものが漠然とあって、有機農家になったのも、直接的ではありませんが、そのときの感動があったからかもしれません。畑の中に「レストラン ビオス」をオープンしたもの、ミシェル・ブラスでの体験が心のなかに脈々とあって、自分でも気づかないうちに影響を受けてきたからだとも思うのです。

もうサービスの世界には戻らないと決意し有機農業の道に進んだ私が、再びレストランに立って笑顔でお客様を迎えています。これも最近では、運命だったのだと感じているのです。

就農当時に夢見た〝田舎でのんびり〟という暮らしからはかけ離れた、超多忙な日々を送っていますが、今はこの毎日が気に入っています。最近は体力が落ちてきたため、無理はきかなくなっていますが（苦笑）、それでも休みがほしいとは思いません。今は毎日、仕事のことだけを考えていても楽しいのです。東京のレストランで働いていた最後の1年間は、仕事以外に何か面白いことはないかと、そればかりを考えていました。釣りやキャンプ、野球、サッカーなど、趣味に楽しみを求めていたのです。しかし、今は仕事と遊びの境目がありません。仕事を人生最大の遊びにできたことは、本当に幸せなことだと思っています。

有機農業には、それだけ夢中になれる面白さがあります。私は有機農業ほど、可能性のある仕事はないと思っています。しかも成長産業であり、社会問題や環境問題にも寄与することができる仕事です。

有機農業も含め、これからの農業に大切なことは、「モノの見方」「とらえ方」「考え方」を柔軟にしていくことです。生産するということだけにとらわれず、常に「受け手」の視点に立って、どうすれば顧客が喜んでくれるかを考え、それを生産にフィードバックし、自ら販売する方法を確立していくことが必要です。

有機農業を仕事にすれば、食料自給率の問題にも貢献でき、遊休地を活用し地域にも貢献でき、自然環境や景観の保全にも寄与することができ、さらにお金も稼ぐことができます。有機農業ほど素敵な仕事はないと、私は思っています。本書をご覧いただき有機農業を楽しむ人たちが増え、日本の農業が元気になっていくこと、それが私の最大の喜びです。

ぜひ、みなさん有機農業にチャレンジしましょう！

著者

株式会社ビオファームまつき／株式会社ビオアグリ
〒419-0303 静岡県富士宮市大鹿窪939-1
TEL 0544-66-0353 FAX 0544-67-0098
http://www.bio-farm.jp/

著者略歴

松木一浩(まつき・かずひろ)

1962年長崎県生まれ。ホテル学校を卒業後、ホテル、レストランサービスの世界へ入る。主にフランス料理サービスを担当。90年に渡仏、パリの「ニッコー・ド・パリ」に勤務。帰国後、銀座のフランス料理店支配人を経て、恵比寿の「タイユヴァン・ロブション」の第一給仕長を務める。99年、有機農業の道に進むことを決意。栃木県での研修後、静岡県芝川町(現・富士宮市)に移住。07年、富士宮市に野菜惣菜店「ビオデリ」をオープン、同時に自らの農場「ビオファームまつき」を株式会社化する。09年には『ビオフィールド1,000プロジェクト』として1000坪の畑にレストランを建設。主な著書に『ビオファームまつきの野菜レシピ図鑑』(学研)、『「ビオファームまつき」のビオスのテーブルから』(東京地図出版)、『手をかけすぎずに有機でおいしく ビオファームまつきの野菜塾』(角川SSC)などがある。愛車はプジョー206CCとシトロエン2CV6。

[カバー／扉／本文] 写真 三村健二

[装丁] 中山デザイン事務所

[組版] 字打屋

[協力] 株式会社ビオファームまつき／株式会社ビオアグリ

農はショーバイ！

2010年9月17日 初版第1刷発行

著　者 松木一浩

発行者 森 弘毅

発行所 株式会社 アールズ出版
東京都文京区本郷1-33-6 ヘミニスIIビル 〒113-0033
TEL 03-5805-1781 FAX 03-5805-1780
http://www.rs-shuppan.co.jp

印刷・製本 中央精版印刷株式会社

ISBN978-4-86204-154-8 C0034